Measuring Report of China Housework Economic Value (2020)

中国家务劳动经济价值测算报告

—————— 2020 ——————

关成华　涂勤　张婕　等 / 著

社会科学文献出版社
SOCIAL SCIENCES ACADEMIC PRESS (CHINA)

C目录
ONTENTS

第1章　家务劳动的理论与概念

1.1　家务劳动的概念及核算范围

1.1.1　家务劳动概念的界定

在关于家务劳动的研究中，最基础和核心的问题在于什么是家务劳动。自从人类社会出现家庭这个社会"细胞"以后，人们从事的劳动就有了家庭劳动与社会劳动的区别。家庭劳动是人们在家庭范围内所进行的相关劳动，是由家庭的全部职能所决定的，包括生产、交换、消费、生育、抚养、赡养等各项基本职能。马克思和恩格斯指出，自然劳动分工同样存在于家庭内部，其与社会劳动分工具有相同的基础。但是，并非所有的家庭劳动都可以被纳入家务劳动的范畴，家务劳动只是家庭劳动的一部分。家务劳动是以家庭生活消费需要为目的而进行的家庭劳动，包括为操持全家住、食、行、衣、赡养老人、生儿育女等进行的相关劳动。

学界对于家务劳动的理解和界定，经历了与工作相剥离，继而与休闲活动相剥离的过程。在农耕时代，因为经济的自给自足性，家务劳动与获取报酬的公共劳动没有被加以区分，日常家务劳作被混含于生产过程中。在工业化时代，随着市场经济的发展，家庭中的有偿劳动与无偿劳动被区分开来，人类活动被分为两部分：工作与休闲。面向劳动力市场的有偿劳动被视为工作，劳动力市场有偿工作以外的所有活动则被视为休闲。在这一阶段，受传统新古典微观经济学理论的影响，工作特指与经济收入有关的行为，家务劳动被归于休闲的范畴。随着新家庭经济学理论的出现，学界对工作的理解发生了改变。与传统新古典微观经济学理论不同的是，新家庭经济学理论将家庭视为一个"小型生产单位"。在家务劳动过程中，家庭劳动力运用外部市场的物品和服务生产出家庭成员生存发展所需的一系列产品，如购买米面肉菜做成可口的饭菜，因此家务劳动也具有工作的特性，属于生产性行为。此外，工作不仅仅是获取收入的劳动，也包含感情和生理上的服务。我国学者沙吉才指出，无酬家务劳动是为了满足本家庭内部成员的精神生活需要和物质生活需要而开展的劳动。朱梅、应若平在对农村"留守妻子"的研究中，就农村妇女"家务劳动"做出了广义界定，认为"家务劳动"是为家庭从事的无偿的非货币化劳动，不仅仅包括一般意义上的家务琐事，还包括家庭中自用的那部分劳动成果所对应的劳务。曾五一提出家务劳动是指家庭成员为自身和家庭其他成员的最终消费提供的无货币报酬的服务，包括餐饮的准备和餐后清洁、房屋内外的清洁、家庭耐用品的清洁与保养、孩子的抚养和老人的照料等，同时还包括家庭成员参加社会公益活动所提供的服务。刘丹丹也同意这种定义，并进一步肯定了家务劳动构成住户收入、最终消费和经济福利的重要组成部分。

鉴于家务劳动并没有统一的、被广泛接受的定义，故需要对家务劳动下一个明确的定义：家务劳动是家庭成员在家庭内部，为了直接满足家庭成员物质生活和精神生活最终消费的需要而从事的没有货币报酬的相关活动。

1.1.2 家务劳动的核算范围

1993 年的国民经济核算体系（SNA）是居民生产核算的重要理论依据，它根据 SNA（1993）相关的原则和规范对居民生产核算进行界定。SNA（1993）将生产活动分为 SNA 生产和非 SNA 生产两种活动。其中 SNA 生产即是 SNA 框架内的生产活动，排除了所有居民为自身最终消费生产的家务劳动。非 SNA 生产即是在 SNA 框架外而在一般生产范围内的生产活动，包括了家务劳动等为自身最终消费的自给性生产，但家庭内有偿的服务不包括在内（见表 1-1）。

表 1-1 住户非市场生产分类表

SNA 生产			非 SNA 生产	
	住户为自身最终使用的服务的生产			
❶住户为自身最终使用的货物的生产	❷自有住房服务的生产	❸付酬家庭雇员服务的生产	❹住户为自身使用的其他服务的生产（❷、❸除外）	❺为其他住户提供的志愿服务

资料来源：Eurostat（1999）：Proposal for a Satellite Account for Household Production。

在经济意义上，家务劳动应该属于生产活动，但被 SNA（1993）界定的生产核算范围排除在外。SNA 中界定的生产包括：一是人们为自身最终消费所进行的所有货物的生产；二是人们为自身最终消费所进行的服务的生产，只包括住户为家庭提供的住房服务和付酬的家庭劳动。如表 1-1 所示，其中❹为无酬家务劳动，❺为志愿服务，即人们为家庭成员最终消费所提供的家务劳动被排除在 SNA 之外。

此外，须区分无酬劳动与无酬家务劳动的核算范围。第19届国际劳工统计学家会议商定，无酬劳动包括两种工作形式，即"服务的自用生产工作"和"服务的志愿工作"。① "服务的自用生产工作"即❹无酬家务劳动，是指为满足自身和家庭成员消费所生产的服务活动，涵盖了从做饭、清洁到照顾儿童或照顾家中长者等一系列家务劳动。"服务的志愿工作"即❺志愿服务，是指为他人提供的任何无偿、非强制性的服务活动。无酬家务劳动和志愿服务涉及非常相似的活动，但通常由所涉服务的接收方加以区分，例如，把自己做好的饭带给父母等家庭内部成员的活动是无酬家务劳动，而带给另一个家庭的非家庭成员的活动则是志愿服务。本书认为无酬家务劳动范畴为❹住户为自身使用的其他服务的生产（❷、❸除外），不包括❺为其他住户提供的志愿服务。

本书认为，无酬家务劳动的范围可以被描述为：家庭成员为自身和其他家庭成员提供的无货币报酬的，当住户的收入、偏好、市场条件等情况允许时，可以由市场付酬服务来替代的服务性的生产活动。根据无酬家务劳动的核算范围，其主要分类如下。

1. 无酬日常家务劳动

具体包括以下劳动。准备食物及清理，指准备做饭、洗碗等；环境清洁整理，指打扫房间，倒垃圾等；洗衣与整理衣物，指手工或机器洗衣服、晒、烫、缝补等；购买商品与服务，指去超市购物、逛街、理发等；动手修理、维护和调试，指自己对小型家具进行维修、改造，自己动手对交通工具的维修和小修理等；

---

① ICLS, The 19th International Conference of Labour Statisticians Resolution1 ［R］. Geneva, 2013.

家庭事务的安排与管理，指安排聚会、旅游，列出购物清单等。

2. 无酬日常照顾服务

具体包括以下服务。照顾未成年家人，指帮孩子穿衣、喂药等生活照料以及教育和陪孩子玩耍等活动；照顾成年家人，指对家里的成年人、老人和病人提供生活照顾，陪同外出等活动。

另一种被广泛应用的核算依据是《时间使用统计活动国际分类》（2016 ICATUS）的划分标准。联合国统计委员会 2017 年制定的《时间使用统计活动国际分类》（2016 ICATUS）是目前活动分类的国际常用参考标准。在 ICATUS 中，人们认为进行任何生产性活动都是"进行生产"，或是在"生产"中存在时间的消耗，并对一种活动是否属于生产性活动应用第三方准则来界定。Reid 提出，非生产性活动是个人化的，它们是个体为了满足自身需要、只能由个人自身进行的活动；同时，作者引出"第三方"准则，即那些可以由市场上雇用或委托的第三方来提供并产生相同效用的活动是生产性活动。[①]"第三方"准则被广泛用于判断家庭中进行的哪些活动是生产性活动，是区别家庭生产性活动与家庭非生产性活动的核心。根据"第三方"准则，家庭生产性活动显然包括诸如生产食品的服务（烹饪食物）、生产服装的服务（例如，洗衣服和缝补）以及生产与住房相关的服务（例如，清洁卫生和住房维修）等，儿童保育和家庭教育也属于家庭生产性活动，属于无酬家务劳动的范围。相反，看电影、睡眠、旅行、体育、学习和锻炼等活动，都是为满足自身需要、只能由个人自身进行的活动，是家庭非生产性活动，不被认为属于无酬家务劳动的范畴。

---

① Reid M.G., The Economics of Household Production [J]. *Journal of Political Economy*, 1934.

依据 ICATUS 分类，如表 1-2 所示，无酬家务劳动由两类活动组成，包括家庭及家庭成员的无酬家务劳动服务（自用生产服务工作）以及无酬照顾家庭和家庭成员的服务（自用生产保健服务工作）。因此，ICATUS 中无酬家务劳动的核算范围包括无酬日常家务劳动和无酬日常照料服务，具体而言就是指做饭、打扫卫生、洗衣、购物、住宅和家庭用品的维修保养、照顾老人和小孩，以及与此相关的活动。

表 1-2 时间使用统计活动国际分类（ICATUS）

分类	活动名称
1	就业和相关活动
2	生产供自己最终使用的产品
3	家庭及家庭成员的无酬家务劳动（自用生产服务工作）
4	无酬照顾家庭和家庭成员（自用生产保健服务工作）
5	无酬志愿者的劳动、实习和其他无薪工作
6	学习
7	社交和沟通、社区参与和宗教实践
8	文化、休闲、大众传媒和体育实践
9	自我照顾和维护

1.1.3 家务劳动的特点

家务劳动是以家庭成员为服务对象的生产活动，同时也是一种消费活动。家务劳动生产的过程需要耗费劳动时间，关系到经济个体的时间利用和分配的问题。Becker 拓展了"收入-闲暇"假说，将时间二分法拓展为三分法，即"雇佣-家务-闲暇",理性经济人需合理安排个人在雇佣劳动、家务劳动和闲暇上的时间,以实现个人利益的最大化;创立了以家庭为研究单元的经济学分支——新家庭经济学,兴起了研究家庭生产、消费及时间配置的研究热潮。[①] 尽管国内外许多学者对家庭生产、消费行为做出了诸多的研究,但对家务劳动的研究边界仍没有达成共识。比如,VanEvery 等认为家务劳动包括服务于家庭成员的准备食物、衣着和居住条件的劳动,还有对少儿和老人的照料等。[②] Fox 等认为家务劳动既包括日常的家务生产活动,也应包含对家庭成员的感情投入,诸如照料小孩、老人及夫妻感情的交流等,均应被归为感情投入。[③] 国内的定量研究出于评估家务参与情况的需要对其进行了操作化的定义。对于家务劳动的测量,绝大多数研究采取了将其操作化为若干项固定家务劳动项目的方式,其中以做饭、洗碗、洗衣服、打扫卫生、日常购物、维修类重活等最为常见。

家务劳动具有如下特点。

其一,服务的对象是家庭成员,家务活动的生产如做饭、洗衣、清洁、购物等活动,既是自身需要,也是其他家庭成员所需,所以既有利己性,也有利他性。

其二,家务劳动一般属于无酬服务,尽管可以通过聘请家政服务人员替代家务劳动,如通过在外就餐、购买熟食等方式替代做饭来减少或替代家务劳动。但家庭成员从事家务劳动,并没有从其他享受家务劳动服务的成员中获得报酬,可以认为

[①] Becker G. S., A Theory of the Allocation of Time [J]. *The Economy Journal*, 1965, (75).

[②] VanEvery J., Understanding Gendered Inequality: Reconceptualizing Housework [J]. *Women's Studies International Forum*, 1997, (3).

[③] Fox B. J., The Formative Years: How Parenthood Creates Gender [J]. *Canadian Review of Sociology and Anthropology*, 2001, 38, (4).

家庭成员的家务劳动存在无酬性，并且存在正外部性。

其三，对家务劳动的学科边界、内涵和外延尚存争议。家务劳动包括服务于家庭成员的饮食起居的劳动，大家对这个基本内容是毫无争议的，但是对生育照料少儿存在争议，因为少儿的生育和照料包括孕育、哺育、感情陪伴、教育等内容，对于感情陪伴、教育等时间投入应属于家务劳动，还是属于人力资本投资的范畴，学界是有不同看法的；同时在家务劳动时间核算过程中，由于大人照料小孩的同时，也可以完成其他日常家务劳动，可能会存在重复核算家务时间的问题。

1.2　家务劳动相关理论

1.2.1　贝克尔的家庭时间配置理论

贝克尔的家庭时间配置模型是家务劳动供给决策模型的先驱，家庭时间配置模型认为家庭作为一个整体，会做出理性的选择。能做出一致的判断，兼顾个人效用和家庭效用。贝克尔的家庭时间配置模型拓展了传统的效用函数最大化理论，货币收入不再是给定的，而是由时间配置决定的，工资收入取决于配置到工作上的时间。

贝克尔的家庭时间配置理论假定时间和商品直接产生效用，依据效用函数最大化理论，每个人配置时间就等同于将货币收入配置到不同活动上一样，从花费在市场上的劳动时间中得到收入，从花费在吃饭、睡觉、看电视和参加其他家庭活动的时间中获得效用。因此，效用函数为：

$$U = U(x_1, \cdots, x_n; t_{h_1}, \cdots, t_{h_j}) \tag{1.1}$$

其中，t_{h_j} 是花费在第 j 项活动上的时间。时间预算约束加入货币收入约束：

$$\sum_{j=1}^{r} t_{h_j} + t_w = t \tag{1.2}$$

其中，t 是某段时间内可利用的时间，比如一天 24 小时或一周 168 小时，t_w 是花费在有酬工作上的时间。

因此，商品和时间预算约束融合的总约束为：

$$\sum p_i x_i = I = w t_w + v = w\Big(t - \sum t_{h_j}\Big) + v, \tag{1.3}$$

或

$$\sum p_i x_i + w \sum t_{h_j} = wt + v = S, \tag{1.4}$$

其中，w 是每小时的收入，v 是财产收入，S 是"全部"或潜在收入（当全部时间花费在市场部门时，则是货币收入）。等式左边部分说明，全部收入中有一部分直接花费在了市场商品上，而一部分时间间接用在了生产效用而非取得工资上。

将效用函数（式1.1）最大化得到的均衡条件，代入总收入约束（式1.4），则包括：

$$MU_{t_{hk}}/MU_{t_{hj}} = 1 \text{ 和 } MU_{t_{hj}}/MU_{x_i} = w/p_i \tag{1.5}$$

在均衡等式中，从所有时间的利用中产生的边际效用都相等，因为他们有相同的价格（w），而且时间和每种商品之间的边际替代率等于"实际"工资率。从均衡条件得到，当任何商品的价格出现补偿性上升时，消费者为了保持实际收入不变，都会减少对该商品的需求，而增加对其他商品的需求，也会减少工作时间，而增加多数非市场（或家庭）活动时间，因为商品价格的上升会降低单位商品的实际工资率。同样，工资率的补偿性上升会使当事人增加工作时间，扩大商品需求，而减少配置在多数家庭活动上的时间。比如，工资率的补偿性上升，会减少当事人照看孩子、排队等候或采购商品的时间，而增加其对幼儿园、家庭备用商品和维修等耐用消费品的需求。最后，当工资率不变时，全部收入的增加会减少当事人的工作时间，而增加其对多数商品和家庭活动时间的需求。

如果当事人将所有时间都花费在家庭部门，时间价值用影子价格（等于家庭部门的时间边际产品）来衡量，式 1.5 中的第二个等式可以用下式来替代：

$$MU_{t_{hj}}/MU_{x_i} = u/p_i \qquad (1.6)$$

其中，u 是时间的影子价格，等于商品和（换成货币单位后的）时间之间的边际替代率。财产收入的提高会增加商品消费，从而提高家庭的边际产品和影子价格。如果把时间花费在劳动市场上，那么，工资率必等于家庭时间的影子价格（式 1.7），否则，工作时间的边际价值就会小于家庭时间的边际价值。

$$u = w, \quad t_w > 0 \qquad (1.7)$$

1.2.2　贝克尔的家庭经济学效率理论

贝克尔考察了居民户和家庭内的分工，认为已婚男女之间最一般的分工是：在传统上，妇女把大部分时间用于生儿育女和操持其他家务劳动，而男子则狩猎、当兵、种地和从事其他

"市场"活动。居民户一般应当按照比较或相对有效率的原则，把成员的资源配置到各种活动上。家庭会按每个成员在市场型劳动以及家庭生产方面的相对效率进行分工，一般来说，女性在家务劳动上具有较高的效率，因此会承担主要的家务劳动，而男性在市场型劳动方面具有明显的优势，因此把主要精力放在市场型劳动方面。

在贝克尔的家庭经济学模型中，家庭生产活动要投入物质资本和时间两大要素才能完成，二者具有一定的可替代性。在市场和家庭部门，在所有年龄上，每个人都通过选择 H^1 和 H^2 两种人力资本类型的最佳路线和时间的最佳配置，来使效用最大化。

单人居民户中，H^1 和 H^2 在初始投资期进行积累，投资期过后，消费保持不变。为了使消费（效用）最大化，一个单人居民户会用固定数量的时间去维持其资本存量，并把剩下的时间配置到市场和家庭部门。如果 H^1 只提高市场工资率，H^2 仅增加家庭时间的有效数量，那么，每年的总消费 Z 就可由下式得出：

$$Z = Z(x, t'_h) = Z\left[\frac{a\hat{H}^1 t_w}{p_x}, t_h \varphi(\hat{H}^2)\right]$$

其中，$\hat{H}^1$ 和 $\hat{H}^2$ 是最佳资本存量，$a\hat{H}^1$ 是工资率，$t_h \varphi(\hat{H}^2)$ 是家庭有效时间数量，p_x 是市场商品价格，时间配置受以下等式约束：

$$t_w + t_h = t'$$

t_w 和 t_h 分别是配置到市场部门和家庭部门的小时数，t' 是每年可用的全部时间。工作时间的边际产品等于家务劳动时间的边际产品时，时间配置是最佳的：

$$\frac{\partial Z}{\partial t_w} \equiv \frac{\partial Z}{\partial x} \frac{a\hat{H}^1}{p_x} = \frac{\partial Z}{\partial t_h} \equiv \frac{\partial Z}{\partial t'_h} \varphi(\hat{H}^2)$$

多人居民户中，最佳决策源于家庭成员技艺上的差别及其动机上的冲突。比较优势理论认为，应当按照比较有效率的原则，把居民户成员的资源配置到各种活动上。

假定每个个体完全相同；效率差异不取决于生物学或其他内在差别，是经验和人力资本投资上的不同导致了技艺上的差别；居民户成员不必受到监督，他们会自愿调整时间和其他资源的配置以使其家庭商品产出最大化。在这样的极端假设之下，高效率的多人居民户成员之间在时间配置和专业化资本积累上也会有一个明确的分工。同时，由于所有人在本质上都相同，每个人都会从家庭产出中得到相等的一份（假定市场是竞争的），每个人都会从家庭产出的自然增加中获益。此外，他们给家庭和市场部门提供的时间种类基本相同，即使不同成员积累的家庭资本数量 H^2 不同，他们的有效时间也完全可以互相替代，即使不同成员积累的市场资本 H^1 的数量不同，他们供给的物品也完全可以互相替代。因此，多人居民户的产出就取决于物品和有效时间的总投入。

在投资期内，如果第 i 个家庭成员的最佳积累是 $\hat{H}_i^1$ 和 $\hat{H}_i^2$，一个有 n 个家庭成员的居民户在投资期过后的固定产出将是：

$$Z = Z\left(\sum_{i=1}^n x_i, \sum_{i=1}^n t'_{h_i}\right) = Z\left[\sum_{i=1}^n \frac{a\hat{H}_i^1 t_{w_i}}{p_x}, \sum_{i=1}^n \varphi(\hat{H}_i^2) t_{h_i}\right]$$

如果每个成员积累的资本相同，那么，Z 就分别取决于供给到每个部门的总小时数 $\sum t_{w_i}$ 和 $\sum t_{h_i}$，而不取决于成员之间的时间配置。但是，如果各个成员的资本不同，那么，Z 就取决于家庭成员的时间配置，因为有些家庭成员时间的生产率比另一些成员高。

对于向两个部门都供给时间的成员来说，只有当家庭部门的边际产品等于市场部门的边际产品时，产出才会最大化。即

$$t_{w_j}, t_{h_j} > 0$$

时

$$\frac{\partial Z}{\partial t_{w_j}} \equiv \frac{\partial Z}{\partial x_j} \frac{a \hat{H}_j^1}{p_x} = \frac{\partial Z}{\partial t_{h_j}} \equiv \frac{\partial Z}{\partial t'_{h_j}} \varphi(\hat{H}_j^2)$$

对于把全部时间都供给到家庭部门的成员来说，家庭部门的边际产品必然超过市场部门的边际产品；而对于把全部时间都配置到市场部门的成员来说，则正好相反。

由于 a、p_x、$\partial Z/\partial x_j$、$\partial Z/\partial t'_{h_j}$ 对所有成员都是一样的，所以比较优势仅仅取决于 $\varphi(\hat{H}^2)$ 和 $\hat{H}^1$。比如，相对于成员 j 来说 i 在市场部门有比较优势，当且仅当：

$$\frac{(\partial Z)/(\partial t_{w_i})}{(\partial Z)/(\partial t_{w_j})} = \frac{\hat{H}_i^1}{\hat{H}_j^1} > \frac{(\partial Z)/(\partial t_{h_i})}{(\partial Z)/(\partial t_{h_j})} = \frac{\varphi(\hat{H}_i^2)}{\varphi(\hat{H}_j^2)}$$

因此，如果一个有效率的家庭的所有成员都有不同的比较优势，那么，没有一个人愿意把时间配置到市场和家庭两个部门。在市场部门有更多比较优势的每个人都会使其市场活动完全专业化，而在家庭部门有更大比较优势的每个人又会使其家庭活动专业化。

在生物学意义上，女性不仅有生产和喂养孩子的重要义务，而且照料孩子的责任心使她们也愿意花费更多的时间和精力来照顾孩子。相比而言，从生物学意义上说，男性照料孩子的义务较少，他们会把更多的时间和精力花在生产食物、衣服、安全保卫和其他市场活动上。因此，在生产和照料孩子方面，家庭成员的性别是一个重要的区分特征，也可以扩展到家庭其他部门和市场部门。女性主要在提高家庭效率，尤其是生儿育女的人力资本上投资，因为她们把大部分时间花在这些活动上。同样，男性主要投资于提高市场效率的人力资本，因为他们把大部分劳动时间花在市场活动上。专业化投资的这种性别差异，加深了市场和家庭部门之间生物学意义上产生的性别分工。

1.2.3　家庭内部博弈与家庭偏好理论

家庭内部博弈又称为家庭决策能力或者家庭成员的讨价还价能力，家庭博弈涉及家庭地位及家庭资源配置等方面的一个重要问题。随着家庭规模的缩小，核心家庭大量出现，父母亲间博弈能力的差异在家庭决策中起着越来越重要的作用。家庭内部的决策如何做出，是一个非常重要的问题。家庭决策一般可以分为两大类：一是家庭各成员在劳动时间与闲暇时间之间配置的决策；二是家庭内部资源在家庭成员之间配置的决策。这两类决策都直接决定家庭总效用的大小。"集合"模型用于强调家庭决策是家庭成员相互商讨的结果，分为合作模型和非合作模型。在合作模型中，引入有约束力的协议，每个家庭成员都有一个"威胁点"，资源配置是家庭成员之间讨价还价的结果，尤其是夫妻双方经济资源博弈的后果，比如丈夫（妻子）

的就业状态会直接影响配偶的就业状态。其他因素，比如婚姻市场状况、人口的性别比制约着夫妻的讨价还价能力。

家庭偏好影响家务劳动供给的趋势越来越突出，诸如对闲暇的不同偏好、对孩子性别的不同偏好、对男女角色分工的不同偏好、对时间配置的效用评价比较的不同偏好、对生命周期中不同阶段消费平滑性的不同偏好等，都会产生不同的选择。

1.3 家务劳动的经济学研究现状

在家庭外部的市场劳动领域性别隔离程度在快速下降，但是家庭内部仍然延续着传统的家务劳动性别分工模式。多数国家致力于减少经济领域中的性别准入障碍和性别隔离，肯定女性的权利，推动了市场劳动参与、教育获得、职业选择等领域中性别鸿沟的消除。女性在市场劳动参与率、高等教育入学率、专业技术人员占比等方面正逐渐赶上甚至超过男性。1990年以来，中国劳动力市场的中性职业比例逐渐上升，职业性别隔离现象不断减少。然而，家庭内部的劳动性别分工变迁速度非常慢，依旧呈现明显的"经济支柱/家庭主妇"的传统主义模式。家务劳动领域仍存在明显的性别隔离现象，妻子依旧承担主要的家务劳动责任。妻子的家务劳动时间普遍是丈夫的2~3倍，且上述比例随时间推移保持了较高的稳定性。

1.3.1 家务劳动分工研究

家务劳动分配不均的原因，通常认为有：受教育程度、潜在收入、职业地位等相对资源的讨价还价能力，以及时间的可利用性、对性别角色的态度和信仰、缓减性别不平等和工作家庭冲突的社会政策等。

首先，一些学者从教育、收入、职业地位等相对资源理论的角度开展研究。控制更多资源的配偶会有更强的协商地位，在其他条件相同的状况下，拥有更多资源（教育、收入与职业地位）的一方从事的家务劳动将少于其配偶。国外研究发现，女性承担绝大部分家务的原因是其更多地在经济上依赖丈夫，而男性则因在经济上更少依赖妻子而承担较少的家务。Bianchi 等以妻子的相对收入来测量其对丈夫的经济依赖程度，发现妻子的家务劳动时间与其丈夫的收入之间是负相关关系。[①] 相对收入是家务劳动分工的决定性因素，夫妻收入差距越小，家务劳动分配越公平。也有学者认为，个体的绝对资源对家务劳动分工也有重要意义。绝对收入反映了妻子或者丈夫的经济自主性。更多的收入意味着更多的家务劳动参与的自主性，收入的提高有利于减少家务劳动量。Gupta 比较了相对资源与绝对资源对于家务劳动的影响，更强调了女性本人的资源、地位所带来的自主性对于其家务劳动承担更为公平模式的意义，发现绝对收入决定了女性承担的家务劳动量，而不是相对收入，收入较高的女性可以通过外部购买的方式来减轻家务劳动负担。[②]国内研究中，齐良书使用中国 9 个省份 3819 个双收入家庭 1989~2000 年的调查数据，证明了议价能力的提高会减少本人的家务劳动时间和家务分担比例，但其影响对男性的效用远大于女性。[③] 周旅

① Bianchi S. M., Milkie M. A., Sayer L. C., Is Anyone Doing the Housework? Trends in the Gender Division of Household Labor [J]. *Social Forces*, 2000, 79 (1).

② Gupta S., Autonomy, Dependence, or Display? The Relationship between Married Women's Earnings and Housework [J]. *Journal of Marriage and Family*, 2007, 69 (2).

③ 齐良书：《议价能力变化对家务劳动时间配置的影响——来自中国双收入家庭的经验证据》，《经济研究》2005 年第 9 期。

军基于第三期中国妇女社会地位调查数据得出的结论是，家庭权力状况对于不同性别、不同收入分位点上人群的家务劳动投入影响有所不同。[①] 有学者指出，就业关系转变会影响家务劳动分工，经历了由农业职业向非农职业转变的一方，其家务劳动时间会减少，说明夫妻间一方职业地位的变化会对家务劳动分工产生影响。受教育程度高于丈夫的女性，家务劳动时间更少。

其次，一些学者基于贝克尔的新家庭经济学的相关理论开展研究。时间约束理论指出个人可支配的时间可以被分为工作时间、闲暇时间和家务劳动时间三部分，劳动力增加市场工作时间则会减少家务劳动的时间。人力资本投资的专门化理论认为专门化可以提高人力资本投资回报率，基于家庭效用最大化原则，家庭成员必须分工合作。此外，男女"比较优势"理论指出女性在家务劳动上占据绝对优势，男性在市场劳动上处于优势地位。同时，工资率、家庭财产、商品价格等外生因素的变化，都会引起家庭成员时间配置的变化。Coverman 发现男性因这种比较优势会将更多的时间投在劳动力市场上，如果丈夫相对于妻子的教育、职业、收入地位更高，这些资源会强化其市场工作的价值，则其家务劳动投入时间会少。[②]

再次，部分学者基于社会性别观念和性别表演开展了家务劳动时间配置性别差异的研究。通常认为，时间的安排受到社会性别观念的影响。社会性别观念是指男女应当遵从怎样的社会规范、社会角色分工、性别关系模式及行为模式等观念。社

---

① 周旅军：《中国城镇在业夫妻家务劳动参与的影响因素分析——来自第三期中国妇女社会地位调查的发现》，《妇女研究论丛》2013 年第 5 期。

② Coverman S., Explaining Husband's Participation in Domestic Labor [J]. *Sociological Quarterly*, 1985, 26 (1).

会性别观念是人类在互动、社会生活中不断创造和建构出来的。Grunow 指出在家务劳动性别分工过程中，传统的性别观念的影响可能远比经济资源重要。Shelton 认为持有传统性别观念的男性承担的家务劳动更少；男性的性别观念对家务劳动分工的影响强于女性的性别角色观念的影响，妻子承担家务劳动的多少更多地受到丈夫性别观念的影响，具有平等性别观念的男性和女性会更平等地承担家务。[①] 对家务劳动的态度差异是影响家务劳动性别分工的重要因素，女性相比男性对家务劳动具有积极态度。此外，有学者将性别观念与相对资源结合起来进行研究，探讨"性别表演"（gender display）问题。社会性别表演（gender display）来源于"表现社会性别"（doing gender）。"性别表演"使那些收入少的男性有时通过减少家务劳动彰显男性气质。"性别表演"假设主要通过拟合丈夫较妻子的相对收入与妻子家务劳动时间之间的二次项关系进行操作化。此后许多学者继续沿用此方法对美国、澳大利亚等发达国家的数据进行了重新检验。在中国，於嘉也采用此方法分析家务劳动参与方面是否存在性别表演。[②]

最后，也有一些学者从情感表达和生活经历方面进行分析。家务劳动被视为一种表达对家庭成员情感的方式，家务上的付出与承担有助于夫妻体会到共建家庭的喜悦与感动，是维持夫妻关系、增进夫妻情感的有效途径。丈夫做的各种家务劳动，更容易被妻子视为丈夫对她的一种情感性支持。工作经历、家庭结构、生命周期、婚姻状况、子女和其他生命历程也会对家

---

① Shelton B. A., The Division of Household Labor [J]. *Annual Review of Sociology*, 1996, 22 (1).

② 於嘉：《性别观念、现代化与女性的家务劳动时间》，《社会》2014 年第 2 期。

务劳动产生影响。比如，推迟婚姻和生育会使丈夫和妻子更平等地承担家务。

目前，关于中国家务劳动参与的研究已经证实，工作时间增加可以显著减少家务劳动时间，[①] 时间约束理论基本得到验证。但是，对相对资源理论的验证结果却有诸多差异，尤其是在收入和教育对女性家务劳动时间的作用机制和作用方向上存在明显争议。袁晓燕和石磊采用 Probit 和 Tobit 方法，对接受更多教育是否减少了女性家庭无偿劳动时间进行了实证分析。研究结果表明，无论是从家务劳动参与率维度还是从家务时间维度来看，接受更多教育都没有显著减少女性的家庭无偿劳动。[②] 刘爱玉等研究发现，对于男性而言，经济上的独立与成就对其家务劳动投入的影响最大；而纯粹的经济独立并非女性家务劳动投入的最好预测工具。[③] 胡军辉和苏琴则指出职业收入水平越高的女性，越愿意从家务劳动中解脱出来，减少家务劳动时间；就受教育程度而言，高中以上的城镇女性劳动者相比于高中及以下的城镇女性劳动者所投入的平均家务时间更少，但平均学历层次较高的职业环境存在负向调节效应，即学历层次越高，越能够促使女性劳动者更为自觉地承担起更多的家务责任。[④] 於嘉在控制妻子的相对收入和其他相关因素后，也认为我国女性

---

① 於嘉：《性别观念、现代化与女性的家务劳动时间》，《社会》2014 年第 2 期；周旅军：《中国城镇在业夫妻家务劳动参与的影响因素分析——来自第三期中国妇女社会地位调查的发现》，《妇女研究论丛》2013 年第 5 期；齐良书：《议价能力变化对家务劳动时间配置的影响——来自中国双收入家庭的经验证据》，《经济研究》2005 年第 9 期。

② 袁晓燕、石磊：《受教育程度对女性劳动时间配置的影响研究》，《上海经济研究》2017 年第 6 期。

③ 刘爱玉、佟新、付伟：《双薪家庭的家务性别分工：经济依赖、性别观念或情感表达》，《社会》2015 年第 2 期。

④ 胡军辉、苏琴：《职业对家务劳动时间配置选择的影响：以家务劳动时间为例》，《人口与发展》2015 年第 2 期。

绝对收入的增加可以有效帮助她们减少家务劳动时间。在性别观念方面，争议集中于家务劳动是否存在性别表演。刘爱玉等认为男性的家务劳动承担并不存在性别表演现象，而孙晓东发现丈夫对配偶经济依赖的提升会导致家务劳动比例呈现倒 U 形曲线特征，中国丈夫的家务劳动行为存在性别表演现象，[①] 於嘉的研究则发现农村女性有性别表演的现象。

1.3.2 家务劳动与性别收入差距研究

1.3.2.1 家务劳动对收入影响的理论基础

1. 精力分配论

贝克尔最先提出精力分配论的观点解释家务劳动与收入间的关系。贝克尔的精力分配论指出个人的时间和精力是有限的，人们会依据家庭利益最大化原则将精力分配于家务劳动。通常家务劳动会减少市场劳动的投入、专注力和工作效率，从而降低工作回报。

2. 家务劳动时点与弹性理论

收入不仅与家务劳动的时长相关，家务劳动发生的时点和类型同样影响劳动力市场报酬。家务劳动对收入的影响主要来自发生在工作日的日常家务劳动；与家务劳动的时长相比，家务劳动的类型和发生时点影响更大。日常家务几乎没有弹性，日常家务劳动时间有时会与工作时间冲突，例如接送孩子上下学要求必须在固定时间完成。非日常家务的弹性较大，可以晚上或者周末做，对工作干扰较少。日常家务劳动多由女性承担，

---

① 刘爱玉、佟新、付伟：《双薪家庭的家务性别分工：经济依赖、性别观念或情感表达》，《社会》2015 年第 2 期。

男性负责非日常家务劳动，日常家务的例行性和定时性使女性的日常安排缺少弹性，工作投入的时间和精力受限，职业发展潜力较低，收入受影响。

3. 补偿性工资差异理论

从市场结构分析，一些学者指出家务劳动通过限制个体的工作和职业选择而影响收入。由于工作条件和工作环境的不同，具有相同人力资本水平的劳动者工资会有所区别。雇主在支付报酬时，不仅依据劳动者的劳动质量与能力，还要考虑劳动者的工作和职业环境特征。对于条件艰苦、从业难度高、时间弹性小、可能造成健康损失的工作，雇主必须支付比正常工资水平更高的工资以补偿不良工作环境和条件所带来的不愉悦感，以吸引潜在的雇员；反之对于工作环境安全、从业难度低、时间弹性高、身心压力小的工作，雇主则可以提供低工资以弥补良好工作环境给企业带来的成本损失。

女性由于承担主要的家务责任、花在家务上的时间远多于男性，日常家务和照料子女使其时间调配不自由，往往倾向于选择市场工资相对较低但能够提供较大弹性的工作时间、工作要求不高、无须投入大量精力、离家近且通勤时间较短的工作；而男性所承担的家庭责任使他们更偏好劳动力市场中高风险、高工资的工作，注重工作的货币回报。这种选择也会产生并拉大收入差距。

4. 信号论

从劳动力需求方分析，由承担家务劳动引发的雇主性别歧视会直接影响性别收入差距。信号是劳动者在劳动力市场上释放出的关于生产效率的信息。雇主会依据观测到的信号评估雇员的能力，决定薪资报酬。社会普遍认为女性会承担更多家务劳动，而家务劳动耗费精力，释放出女性工作效率低、易离职等不良信号。雇主更倾向于多雇用男性而少雇用女性并向女性支付较低的薪酬。

1.3.2.2 家务劳动时间对收入的负向影响

面对工作与家务的冲突，国外研究显示，家务负担对女性的劳动收入有着负向影响，这种影响被称为家务劳动的惩罚效应。贝克尔的精力分配论则指出个人的时间和精力是有限的，人们会依据家庭利益最大化原则将精力分配于家务劳动。通常家务劳动会减少劳动者对市场劳动的投入、专注力和工作效率，从而降低工作回报。

Hersch 利用 2003 ~ 2006 年美国时间利用调查（ATUS）数据，研究发现家务劳动对工资的负效应在男女两性样本里均成立，特别是对于女性而言，家务工作与工资的负效应出现于大部分职业。① 每额外增加 1 个小时的家务劳动，女性每小时工资水平将降低 24%，男性则为 21%。另外一些来自其他国家的研究，如英国、澳大利亚也都发现了家务劳动具有工资惩罚效应的证据。但是来自德国、俄罗斯的同类研究则没有得到类似的结论，他们发现家务劳动时间对市场工资没有显著作用。

家务劳动对工资效应具有性别差异。一般认为，家务劳动工资惩罚效应对女性更为严重，家务劳动对女性工资的影响大于男性，甚至对男性工资没有显著影响。Keith 和 Malone 试图分析家务工作时间对工资水平的负效应是否因年龄不同而有所差异，他们先后通过 OLS、固定效应、工具变

---

① Hersch J., Home Production and Wages: Evidence from the American Time Use Survey [J]. *Review of Economics of the Household*, 2009, 7 (2).

量等方式进行估计。[①] 研究发现，家务劳动时间对男性的工资没有显著影响，而仅对年轻及中年女性样本的工资存在显著的负效应，每额外增加 1 单位家务劳动，工资水平将下 0.1% ~ 0.4%。Hersch 通过研究 108 位计件工资工人，发现家务劳动降低妻子的计件工资水平，但是对丈夫的收入没有明显影响。[②] 家务活动的类型差异和时点是家务劳动和工资关系性别差异背后的重要隐藏因素。Noonan 利用 NSFH 数据进行的固定效应回归结果显示，只有那些花在女性家务劳动上的时间对工资水平有负效应，进一步来看，家务劳动效应的性别差异在将家务工作归为不同类型时会逐渐消失，[③] 只有传统的"女性家务活动"才降低市场工资。Hersch 发现只有工作日的家务劳动对女性工资具有负面作用，而非工作日的家务劳动对男性和女性的工资都没有显著影响。[④] Bryan 的研究发现只有清洁、洗衣、做饭等日常家务活动才对工资有负作用，而维修、草地修剪等时间安排较灵活的家庭活动对工资的影响很小。[⑤]

国内的研究中，卿石松和田艳芳运用 1997 ~ 2011 年 CHNS 数据，实证检验了家务劳动时间对工资收入的影响。[⑥] 无论使用 OLS 回归还是面板固定效应模型回归，结果都发现，家务劳动时

① Keith K., Malone P., Housework and the Wages of Young, Middle-Aged, and Older Workers [J]. *Contemporary Economic Policy*, 2005, 23 (2).

② Hersch J., Effect of Housework on Earnings of Husbands and Wives: Evidence from Full-Time Piece Rate Workers [J]. *Social Science Quarterly*, 1985, 66 (1).

③ Noonan M. C., The Impact of Domestic Work on Men's and Women's Wages [J]. *Journal of Marriage and Family*, 2001, 63 (4).

④ Hersch J., Male-Female Differences in Hourly Wages: The Role of Human Capital, Working Conditions, and Housework [J]. *Industrial and Labor Relations Review*, 1991, 44 (4).

⑤ Bryan M. L., Sevilla-Sanz, Does Housework Lower Wages? Evidence for Britain [J]. *Oxford Economic Papers*, 2011, 63 (1).

⑥ 卿石松、田艳芳：《家庭劳动是否降低工资收入——基于 CHNS 的证据》，《世界经济文汇》2015 年第 4 期。

间对工资并不存在稳健一致的惩罚效应，家务劳动分工对性别收入差距的解释作用非常有限。此外，家务劳动中仅购买食品和做饭这两项日常家务对男性工资有显著负作用，各项家务劳动和儿童照料对职业女性的工资没有显著影响。肖洁使用 2010 年第三期中国妇女社会地位调查主问卷部分的资料，以 18~64 岁从事非农劳动的已婚在业劳动力人口为研究对象，采用多元线性回归 OLS 模型检验家务劳动时间对工资收入的影响。[①] 研究发现：家务劳动对已婚在业人口的劳动收入具有惩罚效应，日家务劳动时间增加 1 小时，已婚在业男性的年劳动收入平均下降 3.1%，已婚在业女性下降 3.8%，本人承担家务更多者比夫妻共同承担家务者的年均劳动收入低 5.4%。并且，家务劳动时间和收入存在门槛效应，影响是一个从量变到质变的过程，已婚在业男性每天 1 小时以上以及已婚在业女性每天 1.5 小时以上的家务劳动才对其收入有显著负作用，甚至对男性影响大于女性。

1.3.2.3 家务劳动时间对性别收入差距的解释程度

不平等家务劳动是否会扩大性别收入差距呢？国外研究认为，家务劳动时间的性别差异会导致男女间的收入差距，甚至是性别收入差距的主因。Shelton 和 Firestone 利用来自时间日志的数据，研究发现家务劳动时间能够解释 8.2% 的性别收入差距，而且家务劳动可以通过职业隔离、工作经验和工作时间等变量间接地加剧性别收入差距。[②] Hersch 和 Stratton 采用 1979~1987 年的 PSID 数据，发现女性家务劳动时间是丈夫的 3 倍，将

---

① 肖洁：《近 20 年来我国家务劳动的社会学研究述评》，《山东女子学院学报》2017 年第 3 期。

② Shelton B. A., Firestone J., Household Labor Time and the Gender Gap in Earnings [J]. *Gender and Society*, 1989, 3 (1).

家庭劳动时间引入工资方程后，性别收入差距可以解释的部分提高了 8%~11%，且家务劳动在工资决定过程中扮演的角色的重要性远远超过人力资本因素的作用。[①] 也有学者利用 1983~1993 年的 PSID 数据分析了家务劳动对已婚样本性别收入差距的影响。基于 OLS 回归的分析结果显示，家务劳动可以解释 9%~15% 的性别收入差距，但利用面板数据和工具变量回归后的分析结果则发现家务劳动只能解释 1%~3% 的性别收入差距。在国内研究中，Qi 和 Dong 2008 年利用调查数据进行 OLS 回归分析发现，家务劳动时间对月工资收入具有显著的负作用，使用 Blinder-Oaxaca 分解认为家务劳动能够解释 27%~28% 的性别收入差距。[②] 肖洁使用 Neumark 分解测度家务劳动的性别收入差距。研究发现，在禀赋差异部分，家务劳动类变量累计解释了 43.8% 的收入差距，家务劳动的性别差异是已婚在业男女性别收入差距的主因。[③] 在系数差异部分，性别歧视的引致因素中，家务劳动类变量的贡献率为 170.8%，由承担家务引发的性别歧视对性别收入差距有着直接的影响。但卿石松和田艳芳发现家务劳动和儿童照料时间对小时工资的影响微乎其微，因而难以解释中国的性别收入差距问题。[④]

由此可见，对家务劳动惩罚效应的研究大都聚焦西方国家，且现有文献没有统一的研究结果，相关结论也就难以被

① Hersch J., Stratton L. S., Housework, Fixed Effects, and Wages of Married Workers [J]. *The Journal of Human Resources*, 1997, 32 (2).

② Qi L. C., Dong X. Y., Housework Burdens, Quality of Market Work Time, and Men's and Women's Earnings in China [Z]. Winnipeg University Working Paper No. 2013-01, 2013.

③ 肖洁：《家务劳动对性别收入差距的影响——基于第三期中国妇女社会地位调查数据的分析》，《妇女研究论丛》2017 年第 6 期。

④ 卿石松、田艳芳：《家庭劳动是否降低工资收入——基于 CHNS 的证据》，《世界经济文汇》2015 年第 4 期。

直接推广至中国。尽管学术界和社会把中国不断扩大的性别收入差距部分地归咎于家庭分工不平等，但国内关于家庭劳动时间与工资收入之关系的直接证据非常有限。在国内关于家务劳动的研究中，由于家务劳动长期被视为私人领域的私事，对家务劳动性别分工社会后果的量化研究也不多。如果能够证明家务劳动的投入会负向影响男女的收入获得，那么从家务劳动角度解释男女之间的收入差距也必然是一个可行的研究思路。

1.3.3　家务劳动与公平感、婚姻满意度研究

从性别视角考察家务分工，分析男女对家务分工公平性的感受，也是目前部分学者关于家务劳动的主要研究议题。通常认为，影响两性家务分工满意度的机制、因素主要有：个人资源、生活经历、夫妻互动适应、性别文化规范、时间限制变量、相对家务贡献等。比如，一些学者从年收入、受教育程度差（夫-妻）、本人收入占夫妻收入的比重等个人资源角度，居住地、结婚年数、子女数等生活经历角度，配偶家庭责任心、健康状况等夫妻互动适应角度，以及受教育年数、性别平等意识等角度研究相对家务贡献。徐安琪和刘汶蓉通过多元线性回归模型排除其他因素的相互作用后发现，妻子在家务上所花费的时间比丈夫多约三成，这在一定程度上表明，以往用简单分析方法获得的女性家务贡献高于男性 2～3 倍的结论有一定偏颇。同时，排除其他因素的相互作用后，女性家务劳动的不公平感降低。分担家务的相对量与妻子的公平感认同负相关，与丈夫的公平感认同无显著相关。家庭责任心强、健康状况好的年龄相对较大者，会主动承担较多家务。具有相对资源优势的人，

会较少承担家务。随着结婚年数递增，两性家务劳动时间递增，对家务分工的满意度递增。[①] 方英指出现实中很多时候人们观念上是两性分担，但行动上是女性承担绝大部分家务劳动。[②] 女性在对待家务劳动上希望得到的是一种分担的平等感受，而不是希望绝对的平均或者说享受以男性为主的家务服务。在女性和家务劳动的关系上，观念是简单的，但行动的策略是复杂多样的，两性在家务劳动上的分工呈现具有权力结构关系的性别政治特征。女性在观念上追求性别秩序中的男女平等和接受"男强女弱"秩序下的"男主外、女主内"模式的状态同时存在，而且在人生的序列上呈现出不断变化和调整的状态。

1.3.4 家务劳动与妇女劳动供给研究

家务劳动制约妇女劳动供给的现象逐渐模糊化。女性在承揽家务劳动的过程中逐渐走向职场，兼顾家务劳动和市场劳动。主要由于几点：一是现代家用电器的入户替代了部分手工劳动，妇女家务劳动的时间密集度得以降低，现代家电节省的时间有利于女性增加市场劳动供给。二是组织结构层面的影响，信息技术的进步促使在家工作、线上工作不断发展，一系列弹性工作制工作岗位提高了女性的就业率和生产率。三是政策效应，比如对妇女提供产假、儿童抚养资助计划等，激励了妇女提高劳动生产率。

家庭结构的影响也比较突出。近 20 年来，随着生育率走低、城市化加速和传统观念的改变，中国传统的家庭结构正在

---

① 徐安琪、刘汶蓉：《家务分配及其公平性》，《中国人口科学》2003 年第 3 期。
② 方英：《家务劳动分工：女性的"生活实验"与"性别政治"》，《广东社会科学》2011 年第 4 期。

发生改变，直系家庭（已婚子女与其老年父母组成的家庭）比例趋于下降，核心家庭（夫妇及其未婚子女组成的家庭）比例逐年上升。对女性而言，不同的家庭结构意味着不同的家庭责任，而家庭责任显然是影响女性劳动参与的重要微观因素。为了最大化家庭福利，父母会协助女性看护孩子、操持家务，从而放松女性的时间约束并增加她们的市场劳动供给。

第2章　家务劳动经济价值测度的文献综述

2.1　家务劳动经济价值测度的意义

2.1.1　促进女性平等

随着经济社会的发展，我国女性市场性劳动的参与比率逐年上升，从人口普查中超过 15 周岁女性的市场化劳动参与比率的数据来看，第四次普查结果为 72.01%，较第三次高近 29 个百分点。根据 2010 年《第三期中国妇女社会地位调查主要数据报告》，城镇的 18~64 岁女性在业率为 60.8%，农村为 82.0%，2010 年农村参与非农业劳动的女性较 2000 年高出约 15 个百分点。女性的市场工作时间与男性相当，但家务劳动时间远多于男性。比较《2017 年中国劳动统计年鉴》男性与女性的平均周工作时间与 OECD 国家劳动力的工作时间，我国均排在前列，尤其是女性劳动力平均周工作时间高于统计中的任何一个国家。但是，女性劳动力家务劳动时间普遍高于男性，家务劳动时间性别差异显著。比较 1997~2011 年 CHNS 中的家务劳动时间，女性每周家务劳动时间比男性多 8.5 小时，但两性的周市场工作平均时间只相差 1 小时。女性承担家务劳动的时间并没有因为参与市场劳动而缩短，女性承担着家庭和工作的双重负担。贝克尔指出，家庭劳动时间、工作努力程度和市场工资可能是相互关联而内生决定的。不平等的家务劳动分工直接降低了女性的竞争力和就业质量，束缚了女性在劳动力市场上的表现，对女性的工资具有惩罚效应，且进一步扩大了性别收入差距。

家务劳动经济价值核算有助于正确地评价妇女在社会经济生活中的作用，提高妇女的社会地位，切实有效地保障女性合法权益，进一步改善男女在家庭中的经济地位关系，促进就业相关立法考虑到女性的家务劳动和工作之间的关系，敦促男性提高家务劳动投入，减轻女性负担，努力实现女性就业的公平性。

2.1.2　促进家庭资源合理配置

无酬家务劳动的经济价值核算在家庭层面具有重要的意义和作用，主要体现在促进家庭资源配置合理、完善婚姻家庭政策、完善财产分割的经济补偿机制等方面。

面对竞争日益激烈的社会，家庭成员必须在事业与家庭责任之间做出选择，如此势必会导致夫妻中的一方不得不为另一方做出一定程度的牺牲，承担起更多的家务劳动。由此导致的后果是，承担更多家务劳动的一方在事业发展和所取得的收入方面必然会受到较大的影响，社会地位可能下降，谋生能力也会逐渐减弱；反之，另一方由于可以拥有更多的时间和精力专注于事业发展，将在家庭经济收入的来源方面占据主导地位。在这一背景下，夫妻一旦离婚，如果只对家庭所拥有的有形共有财产进行分割而不进行一定程度的调整，将直接造成财产分割的不公平。

家务劳动产生经济价值，对于保护女性家庭地位和保障女性在家庭经济中的权益具有重要影响。女性是家务劳动的主要承担者，女性在无酬家务劳动中的付出影响了女性的经济基础和人力资本变化，女性承担过多的家务劳动阻碍了其自身社会劳动技能的提高并减少了其获得经济来源的机会，这就造成女性对离婚有更多的担忧，因为离异后的女性多数处于弱势地位。《婚姻法》保护婚姻中的财产共同所有权，认可家务劳动经济补偿的公平性。因此，承认家务劳动产生经济价值，实行离婚经济补偿制度是十分必要的。夫妻双方在进行离婚财产分割时，应当考虑在婚姻存续期间夫妻一方由于对家务劳动承担较多责任而有权请求另一方进行经济补偿的制度，以体现家务劳动的价值创造。用法律的方式来认可家务劳动的经济价值，能够使离婚的经济成本在一定程度上得到增加，有效引导人们在寻求自身发展的同时兼顾家庭的整体利益，既有利于和谐家庭氛围，也有利于社会的和谐与发展。

无酬家务劳动经济价值的核算是对家务劳动价值的确切肯定，促使相关部门在进行法律制定时将女性家务劳动合理地考虑在经济补偿范围中，有利于维护婚姻关系中弱势一方的利益，达到真正的结果公平。

2.1.3　促进社会重新认识老年人的贡献

无酬家务劳动经济价值核算能够促进社会重新正确看待老年人在家庭中的巨大贡献，改变老年歧视的不公平待遇，完善社会养老保障，改善代际关系，对社会和谐发展也有重要的推动作用。

随着老年型年龄结构初步形成，中国开始步入老龄化社会，人口再生产类型的转变导致了人口年龄结构的老化。2000 年，我国 65 岁及以上人口比重达到 7.0%，0～14 岁人口比重为 22.9%，老年型年龄结构初步形成，中国开始步入老龄化社会。2018 年，我国 65 岁及以上人口比重达到 11.9%，0～14 岁人口占比降至 16.9%，人口老龄化程度持续加深。我国人口年龄结构从成年型进入老年型仅用了 18 年左右的时间。

通常，老年人被视为一种成本、负担和索取者，老龄人口增长会导致政府的直接财政成本上升。人口老龄化的加速将加大社会保障和公共服务压力，减弱人口红利，持续影响社会活力、创新动力和经济潜在增长率，是进入新时代人口发展面临的重要风险和挑战。但是，这是对老年人贡献的一种不公平的看法。虽然政府为老年人提供服务的直接成本是可以计算的，但这种方法忽略了老年人在生命历程早期的贡献以及老年人在晚年的持续贡献。这种对老年人贡献的低估与对妇女的无偿家务劳动贡献的低估有直接的相似之处。老年人口的家务劳动时间往往是最长的，要高于生命周期中的其他任意一段时间，尤其是在中国，老年人口退休后帮忙照顾孙辈、协助看护孩子、操持家务的情况非常普遍。老年人口离退休之后在家务劳动方面的付出没有得到正确的认识，在家庭、社会中的经济地位被边缘化，作用和能力也被忽视和否认。

无酬家务劳动的经济价值测度有利于衡量老年人口在家务劳动中贡献的价值，合理引导社会看待人口老龄化，提升老年人口的社会地位，尊重老年人口的持续价值贡献。

2.1.4 促进完善国民经济核算体系

世界许多国家都开展了家务劳动经济价值的测算，根据国际经验，家务劳动的经济价值巨大，为 GDP 的 20%～50%，因此我们建议将家务劳动纳入国民经济核算的范围。

测度家务劳动的经济价值可以全面反映全社会的生产劳动成果和经济福利，反映人们真实的可支配收入水平和消费水平。测度家务劳动经济价值能体现最全面的生产观，对生产成果进行全面衡量。家务劳动具有经济生产的客观属性，占用了生产要素，满足了经济需求，对劳动力再生产与延续具有重要意义，它是国民经济不可分割的一部分。因此，将家务劳动纳入国民经济核算体系，既可对国民经济进行更加完整的测度，避免核算漏洞的出现；又可使国民经济核算体系更加严密，衔接更为紧凑，避免在该环节出现中断。

测度家务劳动的经济价值可以对国民福利进行全面的衡量。生产的目的是不断提高人们的物质生活和精神生活水平，所以生产是福利的主要决定因素。鉴于家务劳动的特殊性，其带来的福利更为可观，如其生产和消费中所体现的温馨与亲情可给住户成员带来极大的满足。同时，家务劳动在很大程度上与文化、习俗、信仰等密切相关，可以说它的存在尊重了这些社会因素，对于福利的增加具有广泛意义。家务劳动核算对家庭内的服务生产与消费予以特别关注，可避免重要国民福利的缺失。无酬家务劳动经济价值的核算结果能够对家庭福利状况改善情况做出很好的监测，男女性在无酬家务劳动上的价值差正是这种福利状况的最好指标，可反映整体国民福利待遇的状态值。

测度家务劳动的经济价值可帮助完善国民经济核算体系，增强国民经济账户内部的一致性和统计数据的国际可比性。家庭对服务的需求在多大程度上通过市场实现或通过家务劳动来满足，取决于文化背景、经济发展水平等多方面因素，且在这些因素中各国差别较大，若不对其进行核算，将无法得到口径一致的国际可比的指标。此外，由于国家政策变化、经济波动等因素的影响，社会劳动和家务劳动间的比例也是变化的，如不核算，将无法进行动态比较。所以对家务劳动经济价值的核算可以增强国民经济核算地域间和时期间的时空可比性。

测度家务劳动的经济价值有助于客观考察我国第三产业发展状况并增进对我国非市场部门经济状况的了解。第三产业中很大部分与家务劳动的功能是相似的，二者具有极强的替代性，是此消彼长的关系。而我国城镇化水平低，存在大量农村人口，加之受几千年自给自足生产观念的影响，致使家务劳动在我国占有很大比重。鉴于家务劳动与第三产业的联动关系及在我国大量存在的事实，应该对其进行核算，以准确测算我国的产业结构，为我国发展第三产业提供有力的数据支撑。此外，对无酬家务劳动进行经济价值核算可改进 GDP 计量中非市场劳动价值核算缺失的情况，有助于增进对非市场部门经济状况的了解，有利于对非市场与市场部门关系的研究。

2.1.5　促进婚姻家庭决策更加科学

对无酬家务劳动进行经济价值估算对于我国女性就业、婚姻政策、老年歧视、国民福利状况发展监测等方面的研究都有重要影响。价值估算这一课题属于基础性研究，研究结果则可应用于多个领域，为家庭、社会、经济、文化等相关政策提供决策依据。政府部门如果不能全面地了解相关的情况，将无法准确地制定相应的服务政策。这些政策的决策、制定和实施都需要以对无酬家务劳动经济价值量的准确估算为基础，只有精确地反映这一价值水平的真实数值，才能为相关政策措施奠定根基。

2.2　家务劳动经济价值测度的必要性

2.2.1　家务劳动的价值属性

家庭是社会的最基本细胞，而家务劳动维系和体现着家庭这个最基本细胞。有家庭的存在就一定有家务劳动的存在，每个人都不能完全不从事任何家务劳动，更不会从不享用、消费家务劳动提供的服务。

1. 家务劳动是一种社会再生产过程

家务劳动过程是劳动力商品的生产过程，马克思指出"劳动力的价值，就是维持劳动力所有者所需要的生活资料的价值"。通过家务劳动加工制作消费资料，可保证劳动者的劳动力得到维持，最终投入生产和再生产。从外面购买的食物，需要通过家务劳动者烹饪加工后才可以食用；衣物需要通过清洗、熨烫等才可以干净整洁地穿出家门；房屋修缮和定时清洁，可以为家庭成员营造一个干净整洁的家庭环境；等等。家庭成员通过享有家务劳动者付出的家务服务，人力资本得以维持和提升，最终又可以精力充沛地投入社会的生产和再生产中去。当劳动力投入社会生产时，便使家庭存在对外的"共同活动和（并）相互交换其活动"，由此可见，家务劳动是社会生产活动产生的基础，体现出其明显的社会特征和社会属性，是一种社会再生产过程。

2. 家务劳动具有经济价值，并通过社会必要劳动时间来衡量

马克思的劳动价值论认为，劳动分为具体劳动和抽象劳动，商品的价值是由凝结在商品中的社会必要劳动时间来决定的。

家务劳动凝结了具体劳动和抽象劳动，因而它应该是有价值的，它创造的价值应和其他劳动价值一样都属于社会价值的一部分。劳动价值理论认为价值是由社会必要劳动时间来决定的，家务劳动是社会分工体系的一部分，具有社会属性，也付出劳动时间并形成劳动产品，所以要参照家务劳动的社会必要劳动时间来衡量其经济价值。在市场经济条件下，随着社会分工的进一步细化，出现了为家庭提供家务劳动服务的第三产业，如家庭保姆和钟点工。家务劳动由别人提供和由家庭成员提供在功能和属性上是一致的，并没有本质上的区别。因此，家务劳动和第三产业的社会属性是一致的，同属于社会劳动，能够创造经济价值。

3. 家务劳动是从事其他社会劳动的前提，是整个社会劳动的基础

家务劳动体现了劳动的生产与消费的统一、社会性与私人性的统一。从创造使用价值的角度，家务劳动可以提供诸如可口食物和舒适清洁的居住环境等使用价值，因为享用这些使用价值是人们创造其他价值的前提和基础。整个社会生产过程中劳动力的再生产都离不开家务劳动，社会的一切劳动产品都包含家务劳动的贡献，都是由家务劳动间接创造的使用价值。如果把人类的创造价值劳动比作一个链条的话，那么家务劳动就是这个链条的起始环节，其他环节都和它有着或多或少、或远或近的联系。如果缺少家务劳动的支撑，整个社会生产劳动的生产、分配、交换、消费诸环节将无法有序进行。因此，家务劳动的水平和质量，在一定程度上决定着劳动力商品的水平和质量，从而决定着整个社会物质资料生产的水平和质量。所以说家务劳动的劳动者与其他劳动的劳动者的社会地位应该是平等的。

2.2.2 家务劳动未被纳入国民经济核算体系的原因和反驳

对于家务劳动没有被纳入生产核算的范围的原因。主要有以下几点解释。

1. 家务劳动是自成一体的活动，人们在生产的同时也消费这种劳动的果实，家务劳动对其余国民经济活动影响甚小。

2. 家务劳动源于自身的需求而不是市场的需求，使家务劳动无明确的市场价格，价值难以估算。

3. 家务劳动属于非市场的范围，如将其包括在生产核算范围内，将会对国民经济核算在制定政策、研究通货膨胀、分析市场等宏观层面的活动产生不利的影响。

4. 根据国际劳工组织的准则，就业人口是指从事生产活动的人。一旦将生产范围扩大到包括家务劳动在内，那么几乎所有的成年人都将是就业人口，失业现象也就不存在了。

5. 国民的生产劳动是需要向国家交税的，但是家务劳动很难做到。

然而针对上述对不核算家务劳动的解释，一些统计学家进行了反驳。

1. 随着科技的进步，生产由劳动密集型向技术密集型转变，淡化了女性在生产中体能的劣势，大量女性涌入劳动力市场，而原来由家庭中的女性提供的家务劳动可以通过家务劳动社会化来获得了。家务劳动和社会劳动间存在密切的联动关系，具有替代性与互补性，家务劳动已经不再是一个封闭性的系统了，故以家务劳动对宏观经济其余部分影响小为由，而不对其进行核算并不成立。

2. 市场是生产力发展到一定阶段的私有制的产物。家务劳动虽然不通过市场提供，但其中的绝大部分可以从市场购买获得，可以参照市场上类似服务的价格进行估价。在市场原则下，非市场生产活动不应该被排除在核算体系之外。

3. 国民经济核算为各层决策提供数据支撑，作为重要的数据平台，其根本原则是客观全面。制定政策、分析市场等宏观层次问题，不应成为不核算家务劳动的理由。

4. 对于失业不存在的说法，这是将生产与就业混淆的结果。生产是反映人类增加财富或福利的活动，而就业是反映有酬的社会生产中劳动力资源的使用情况的，用于判断劳动力是否得到充分利用。国民经济核算进行的是生产核算，而非就业统计。

5. 税法属于上层建筑范畴，若以征税困难为由反对家务劳动核算，有悖于统计的"道德与操守"。

2.3 家务劳动经济价值估算的数据来源

时间利用研究是对时间支出、时间使用决策和时间分配结构的研究，该研究的基础是以地区为单位的全面、大范围的时间利用调查。采用时间利用调查的目标主要有以下几个：其一，对生活质量或者一般福利的计量和分析；其二，对无酬家务劳动经济价值的测算以及对家庭生产账户的编制；其三，改善对有酬和无酬劳动的估计；其四，对发展规划问题的政策影响分析。时间利用研究有助于衡量人类各项活动的时间分配情况和组成结构，反映人类生活方式和非市场活动的参与程度，对社会发展具有重要的现实意义。

时间利用调查是用投入法估算家务劳动货币价值的主要数

据来源，也是用产出法间接推算家务劳动经济价值的重要数据来源之一。UNSD曾高度评价了时间利用调查的作用，认为其为社会发展、劳动力时间分配、居民时间分配、无酬劳动经济价值估算、居民养老金计划、居民健康医疗计划等问题提供了一个全新的研究视角。[①]

2.3.1　国外的时间利用调查

从时间线来看，国外的时间利用调查大致分为两个阶段，前期阶段和应用阶段。

前期阶段（20世纪初到20世纪80年代）：20世纪初期，美国在家庭住户的相关统计工作中首次应用了时间利用调查方法。20~50年代，以苏联、美国、日本为代表的一些国家进行了独立和不定期的时间利用调查，研究者以工人、学生或家庭主妇等为特定对象，采用简单问卷对各类活动的持续时间或频率进行调查。第二次世界大战之后至20世纪70年代末，抽样调查方法、数据汇总处理等技术逐渐成熟，一些国家的政府统计部门开始积极参与国民时间利用研究，调查的规模逐渐扩大。

应用阶段（20世纪90年代至今）：时间利用调查的技术更为成熟，频率更加稳定，范围不断扩展。为了合理评估妇女对社会的贡献，1995年的第四次世界妇女大会通过的《北京宣言》和《行动纲领》提出了各国政府统计机构开展时间利用研究的倡议，时间利用调查开始受到全世界的广泛关注。欧盟各国、日本、澳大利亚、加拿大、美国等发达国家已经进行过多

---

① UNSD, *Guide to Producing Statistics on Time Use: Measuring Paid and Unpaid Work* [M]. New York: United Nations, 2005.

次时间利用调查，一些发展中国家如老挝、南非、巴勒斯坦、尼泊尔、印度、蒙古国也开始进行时间利用调查，以改进对本国无酬劳动和非正规就业的统计。截至目前，国际上已经开展了丰富的时间利用，比如调查牛津大学时间利用研究中心的跨国时间利用调查（Multinational Time Use Survey）为至少37个国家提供了时间利用调查数据，为开展无酬家务劳动核算提供了数据支持。有将近100多个国家和地区先后开展了不同形式的居民时间利用调查。此外，许多国家已经将时间利用调查作为一项常规性调查。比如英国、美国等国家的时间利用调查每隔1年或2年开展一次，日本、荷兰、挪威、新西兰、芬兰等国家，每隔5年或10年组织实施一次（参见表2-1）。

表 2-1　全世界进行时间利用调查的国家（1990~2013 年）

地区	国家及最新调查时间（年份）
亚洲	韩国 2009，中国 2008，老挝 2007~2008，阿曼 2007~2008，巴基斯坦 2007，伊拉克 2007，日本 2006，土耳其 2006，柬埔寨 2003~2004，马来西亚 2003，泰国 2001，蒙古国 2000，菲律宾 2000，印度 1999，印度尼西亚 1998~1999，以色列 1991~1992
北美洲	墨西哥 2009，美国 2008，加拿大 2005
南美洲	哥伦比亚 2012，秘鲁 2010，巴西 2009，厄瓜多尔 2005，玻利维亚 2001，巴拉圭 1997~1998
欧洲	荷兰 2011~2012，塞尔维亚 2010~2011，法国 2009~2010，芬兰 2009，奥地利 2008~2009，丹麦 2008~2009，斯洛伐克 2006，爱尔兰 2005，比利时 2005，英国 2005，（前）南斯拉夫共和国 2004，波兰 2003~2004，拉脱维亚 2003，立陶宛 2003，西班牙 2002~2003，意大利 2002~2003，罗马尼亚 2001，瑞士 2001，保加利亚 2001~2002，德国 2000~2001，斯洛文尼亚 2000~2001，瑞典 2000~2001，挪威 2000~2001，巴勒斯坦 1999~2000，匈牙利 1999~2000，爱沙尼亚 1999~2000，葡萄牙 1999，阿尔巴尼亚 1999，希腊 1996

续表

地区	国家及最新调查时间（年份）
非洲	阿尔及利亚 2012，埃塞俄比亚 2012，摩洛哥 2011~2012，加纳 2009，坦桑尼亚 2005，马达加斯加 2001，南非 2000，贝宁 1998，尼日利亚 1998，乍得 1995
大洋洲	新西兰 2009~2010，澳大利亚 2006

资料来源：吴燕华：《非 SNA 生产核算方法与应用研究》，浙江工商大学博士学位论文，2018。

2.3.2　国内的时间利用调查

相比国外，我国的时间利用调查发展起步较晚，比较滞后。20 世纪 90 年代前后，个别学者开展过小范围的调查。比如王雅林教授在 1980 年、1988 年进行了黑龙江居民时间利用调查，王琪延教授进行了北京居民时间利用调查，但这些调查仅是居民生活时间分配上的调查，并未涉及家务劳动的时间使用数据。21 世纪初，家务劳动方面的时间利用调查正式开始。2003~2007 年，我国的国家统计局与瑞典统计局开展了时间利用统计的合作项目，并于 2005 年在浙江、云南两省进行了时间利用调查试点。2008 年国家统计局采用国际通行的标准和方法在北京、河北、黑龙江、浙江、安徽、河南、广东、四川、云南、甘肃10 省市共 202 个县（市、区）组织实施了我国的第一次时间利用调查，抽取调查样本共 16661 户，调查对象共 37142 人，准确地记录了调查对象工作日、非工作日的时间支配情况，成为研究我国无酬家务劳动的重要资料。

此外，国内的一些微观数据库也包含了部分时间利用的数据。比如中国健康与营养追踪调查（CHNS）、北京师范大学真实进步微观调查（CGPiS）、2017 年内蒙古大学"时间都去哪儿了"课题组调查、中国综合社会调查（CGSS）等。

2.4　家务劳动经济价值测度方法

在对家务劳动进行经济价值核算之前，需要获得有关家庭成员如何使用时间的详细信息。在国外，学者对家务劳动经济价值的衡量提出过三种方案：（1）与一位全日制的保姆/家庭帮佣的工资相等；（2）列出一位家庭主妇的所有活动，然后在市场中找到与每一种活动最接近的专门化职业，按专业职业人员工资测量每种活动的价值；（3）家务劳动的经济价值与家务劳动从事者走出家庭从事一份全日制市场工作所挣的工资相等。虽然这些方法在理论和实际操作层面都存在部分问题，比如对家务劳动量的衡量模糊不清，家务劳动产出的质量也存在个体差异，家务劳动经济价值的准确计量面临诸多难题。但是，我们仍可以借鉴国外的核算经验，从理论角度出发，应用"产出法"与"投入法"来测量家务劳动的经济价值。

2.4.1　产出法

2.4.1.1　产出法的基本原理

SNA（1993）生产核算采用的是准市场原则，而家务劳动经济价值核算"产出法"原理与市场生产的方法一致。"产出法"是通过直接观察价格来衡量产出，它采用的方法与用于评估市场生产的方法相同，即将产出的数量乘以市场上生产的相应商品的价格，这就要求为每一项家务劳动提供的产品或服务确定市场价格，并提供具体的服务数量。通常，假设家务劳动产出的产品或服务都有类似的市场替代品，且这些市场替代品具有稳定的价格。此外，"产出法"还需要计算中间投入产品的价值和固定资产消耗的价值。

（一）估算家务劳动的总产值

家务劳动总产值，是指家务劳动从事者在一定时期内生产的所有产品或服务的经济价值。估算家务劳动总产值，需要测算服务的具体产出数量和每种服务对应的市场价格。例如，估算居民家庭餐饮服务的年总产值，需要统计家庭餐饮服务的年产量和相应的市场价格。

1. 理论上的估算方法

在居民个人层面，家务劳动的人均经济价值：

$$V_i = \sum_{j=1}^{n} p_{ij} q_{ij}$$

其中：p_{ij} 为居民 i 生产的第 j 种家务劳动的市场价格；

q_{ij} 为居民 i 生产的第 j 种家务劳动的数量；

$p_{ij} \times q_{ij}$ 为居民 i 生产的第 j 种家务劳动的产值；

将居民 i 生产的第 j 种家务劳动的产值加总（对 j 求和），得到居民 i 的无酬家务劳动总产值 V_i。

在国家/地区层面，家务劳动的总产值：

$$TV = \sum_{i=1}^{m} V_i = \sum_{i=1}^{m} \sum_{j=1}^{n} p_{ij} q_{ij}$$

将所有居民的家务劳动总产值加总（对 i 求和），得到住户部门家务劳动总产值 TV。

2. 按家务劳动种类的估算方法

$$TV = \sum_{j=1}^{n} P_j Q_j$$

其中：P_j 为住户部门的第 j 种家务劳动的平均市场价格；

Q_j 为住户部门所有居民生产的第 j 种家务劳动的总数量（$Q_j = \sum_i q_{ij}$）；

$P_j \times Q_j$ 为住户部门生产的第 j 种家务劳动的产值；

将住户部门所有种类的无酬家务劳动产值加总（对 j 求和），得到住户部门家务劳动总产值 TV。

（二）估算家务劳动的增加值和净增价值

1. 估算家务劳动的增加值

估算家务劳动的增加值，首先，要明确哪些是家务劳动的中间投入产品。通常，家务劳动中间投入产品是指家务劳动提供过程中所耗费的各种原材料、辅助材料等物质产品及相关的服务。主要由 5 大类组成：第一，居住类的中间投入产品。主要包括水、电、一次性浴室用品、清洁服务等；房屋或设施的小型维修服务和保险服务、维修过程中使用的工具类产品。第二，食物类的中间投入产品。主要包括膳食准备过程中耗用的食材、调料、水、电、天然气等产品。第三，衣着类的中间投入产品。包括布料、棉花、羊绒等原材料；洗衣粉、洗衣液等洗涤用品；柔顺剂、鞋油等护理用品；水、电等辅助材料等。第四，护理类的中间投入产品。包括儿童护理的中间投入产品、成人护理的中间投入产品和宠物护理的中间投入产品。第五，教育类的中间投入产品。主要包括纸、笔、报纸、黑板、益智玩具、学习软件等教育用品；电池、电灯等辅助材料等。其次，中间投入产品的计价通常根据产品的性质加以区分。对于由市场提供的中间投入产品的计价选择市场上实际购买的价格，对于住户内部成员提供的中间投入产品以市场替代品的价格作为计价依据。

从家务劳动总产值中扣除生产过程的中间投入产品的价值，得到家务劳动增加值，也就是家务劳动生产的新增价值。例如，从前文测算的家庭餐饮服务年总产值中扣除食物原料成本、能源成本和其他材料成本等中间投入产品的成本，即是家庭餐饮服务的年增加值。基本原理如下：

家务劳动的增加值＝家务劳动的总产值−中间投入产品成本

2. 估算家务劳动的净增加值

估算家务劳动的净增加值的关键点在于对固定资产折旧的测量。估算的基本思路是，识别家务劳动生产过程中使用的固定资产及其具体分类，确定其使用比例，选择合适的折旧方法估算固定资产消耗。家务劳动生产过程中，房屋、家用电器、家具、车辆等固定资产的价值逐渐耗损，这部分耗损的固定资产价值转移到了家务劳动产出的服务价值上。从家务劳动增加值中扣除固定资产耗损，得到家务劳动净增加值。例如，从前文家庭餐饮服务的增加值中扣除房屋、厨房电器等固定资产的年损耗价值，即得到家庭餐饮服务的净增加值。基本原理如下：

家务劳动的净增加值＝家务劳动的增加值−固定资产消耗

2.4.1.2 产出法的优点

第一，与 SNA 市场生产范围内的相关价值指标具有可比性。SNA（1993）认为，以产出的数量及市场替代品价格来测算经济价值是理论上最优的、最充分的家务劳动经济价值估算方法。产出法的估算原理与 SNA 生产价值的估算原理和思路基本一致，通过产出法估算出来的家务劳动的总产值、增加值和净增加值，与 SNA 的生产价值指标一一对应。

第二，可以估算同时进行的多项家务劳动的经济价值。很多情况下，在同一时间段里，居民有可能同时从事多种家务劳动，例如，在打扫卫生的同时照看小孩，在做饭的同时照看老人等。按照产出法的原理和思路，通过确定每种家务劳动的各自价格和数量，即可估算出在同一时间段内两种或多种家务劳动的经济价值。此外，产出法采用对各项活动的增加值分别计算的方法，会减少某项家务劳动由于时间重叠而遗漏的问题。

第三，产出法估算结果更为全面。产出法估算的家务劳动经济价值包含了中间投入产品价值、固定资产损耗价值和劳动力价值，涵盖了所有要素的价值。相对于基于部分投入要素的估算结果，产出法估算结果更加全面。

2.4.1.3　产出法的缺点

第一，数据搜集困难。用产出法估算家务劳动经济价值需要的数据内容繁杂、数量庞大、搜集困难，导致产出法的可操作性较低。基本的数据包括家务劳动的产出数量、相应市场替代服务的价格、中间投入产品的情况、固定资产使用情况及存量变化等，获取这些数据需要住户产出调查、时间利用调查、家庭金融调查、各类市场替代品价格统计等一系列调查的支撑，数据搜集的难度大、时间长、费用成本高。

第二，估算过程相对复杂。无论是估算家务劳动的总产值、中间投入产品成本还是固定资产耗损，都需经过选择适宜的估算方法、合理度量价格、确定使用寿命等步骤，计算过程相当烦琐。

第三，部分理论和操作标准尚不统一。产出法目前只在几个国家被使用，如法国、英国、芬兰，但这些国家各自采用本国制定的操作标准，相互之间差别很大，基本不具备可比性。[①]各种家务劳动产出的计量单位、固定资产耗损的折算等，都缺乏统一的指导标准，具有较强的主观性。

因此，"产出法"数据收集整理存在较大困难，估算过程相当复杂，这种方法基本上很少采用。

2.4.2　投入法

"投入法"假定劳动力是家庭生产中的唯一投入，以提供家务劳动所使用的体力资本来衡量其经济贡献，即家务劳动的经济价值等于从事各种活动所花费的劳动力投入时间乘以相应的工资率。用投入法估算经济价值也包括家务劳动的净增加值、家务劳动的增加值和家务劳动总产值；但在实际运用投入法估算家务劳动经济价值时，会忽略中间产品投入价值和固定资产耗损价值，认为家务劳动经济价值就是投入的劳动力的价值，即：

$$家务劳动的总产值=劳动力投入价值=$$
$$家务劳动报酬率×家务劳动时间$$

投入法被广泛应用，按照选取的工资替代率的不同，投入法又分为两种：机会成本法和替代成本法（专业替代成本法/综合替代成本法）。下文对这些方法进行重点介绍。

2.4.2.1　机会成本法

机会成本法的理论来源于 Becker 的家庭生产理论，该理论

---

① 李浩杰：《关于我国居民无酬劳动经济价值的估算与分析》，清华大学博士学位论文，2017。

认为，基于"理性经济人"假设，在既定的市场价格和家庭资源约束条件下，家庭成员在市场劳动与家务劳动之间进行时间分配决策以实现家庭收益最大化。机会成本法的基本思想是，家庭对家务劳动的效用估价等于家庭成员为从事家务劳动而放弃的从事市场有酬劳动而获得的工资。

这里机会成本的定义是家务劳动从事者如果在市场上从事有报酬工作所能获得的收入，即以每个家庭成员的市场工资水平来衡量他们的时间价值。通常，市场工资水平与性别、年龄和受教育程度、经验、雇佣状态等个体特征密切相关。对于有工作的个人来说，无酬家务劳动的机会成本等于他们的市场工资率；对于无工作的个体，机会成本通常通过"潜在工资"进行估算。比如 Dong 和 An 运用机会成本法测算出 2008 年中国无偿劳动的经济价值为 9028 亿元，在官方 GDP 中所占比例约为 29.4%。[①]

由于个体特征的差异性显著，可以分性别、年龄组、就业状态等来确定不同群体的机会成本报酬。机会成本法测算方法如下：

家务劳动的人均经济价值：

$$V_{oc} = H_j W_j$$

家务劳动的总经济价值：

$$TV_{oc} = \sum_{j=1}^{n} H_j P_j W_j$$

---

① Dong X. Y., An X. L., Gender Patterns and Value of Unpaid Work Findings from China's First Large-Scale Time Use Survey. UNRISD Research Paper, 2012, (6).

其中：V_{oc}：以机会成本法计算的家务劳动人均经济价值；

TV_{oc}：以机会成本法计算的家务劳动总经济价值；

H_j：第j个人口组的人们家务劳动平均每人每年投入小时数；

P_j：第j个人口组的人口数；

W_j：劳动力市场中第j个人口组的平均每小时工资。

机会成本法的优点：首先，有较充分的理论依据，估算思路较为合理。新家庭经济理论为家务劳动经济价值估算提供了方法论基础，该理论认为，家务劳动并非单纯的消费活动，也是生产活动，任何一种家务劳动都可被视为在货币和时间两种限制条件下的经济行为，突出强调了时间的机会成本概念。其次，这种方法容易应用，没有必要为每个不同的家庭生产活动确定特定的市场替代品并衡量其价格，家庭成员的工资率按照个人市场工资率计算，或者参照官方统计机构公开发布的平均工资信息，计算操作相对容易。

但这种方法也面临几个问题：第一，家庭主妇和家庭主夫、退休人员、一些青少年等的家庭生产是由没有市场工资的个人生产的，如何合理定价这部分人的市场工资率是一个难题。第二，使用家庭生产者的市场工资率的一个重大困难是，它不能反映在具体的、多样的家庭生产活动中所花费的时间价值。例如，用一个教授的时薪衡量他在做饭上的时间价值，就会把高价格归于一项技能相当低的活动。同样，如果以一家大公司的首席执行官的职位工资来衡量育儿方面所花费的时间价值，肯定会夸大其对家庭部门产出的贡献。这些职业所需的技能与照顾孩子或其他形式的家务几乎没有关系。第三，个人的平均工资率可能不能很好地代表非市场生产的机会成本。市场工资率高的人参与家庭内部生产的时间可能相对较少，而市场工资率低的人参与家庭内部生产的时间所占比例可能较大，这会导致承担大部分家务劳动的人员的价值较低。

2.4.2.2　替代成本法

替代成本法是假定家庭雇用他人做家务和照料工作所需要支付的工资成本，通常使用市场上同类有酬劳动所获得的平均工资来计算，具体有专业替代成本法和综合替代成本法。

（一）专业替代成本法（RC-S）

专业替代成本法根据一种专门的工资方法来估计时间价值。例如，饭菜烹饪时间以付给厨师的小时工资来计算，小孩照料的有效时间以保姆的小时工资来衡量，而洗衣服所投入的生产性时间以洗衣服务工人的小时工资来衡量。比如，Fukami 使用厨师学员的工资率来匹配烹饪，用清洁工的工资率来匹配打扫卫生，用幼儿园教师的工资率来匹配幼儿照料等，一一对照，估算出 1996 年日本的无酬劳动的价值为 99776 亿日元，占 GDP 的比重为 20%。[①] 估算方法如下：

家务劳动的人均经济价值，

$$V_{rc-s} = \sum_{i=1}^{m} H_{ij} W_{ij}$$

家务劳动的总经济价值，

$$TV_{rc-s} = \sum_{j=1}^{n} \sum_{i=1}^{m} H_{ij} P_j W_{ij}$$

---

① Fukami M., *Monetary Valuation of Unpaid Work in 1996* ［M］. Tokyo：Economic Planning Agency, 1998.

其中：V_{rc-s}：以专业替代成本法计算的家务劳动人均经济价值；

TV_{rc-s}：以专业替代成本法计算的家务劳动总经济价值；

H_{ij}：第 j 个人口组的第 i 类人家务劳动平均每人每年投入时间的小时数，人口按行业/职业类别分组；

P_j：第 j 个人口组的人口数；

W_{ij}：第 j 个人口组的第 i 类人家务劳动的平均每小时工资。

专业替代成本法的优点：首先，对家务劳动进行比较细致的分类，不仅能够估算家务劳动的总经济价值，还能分别体现比如清扫卫生、照料、餐饮准备等各类家务劳动的经济价值，比较完整地体现了家务劳动的经济价值构成。其次，便于同市场生产进行效率对比，用专业替代成本法估算的家务劳动经济价值体现的是非市场生产效率，可以同产出法下的家务劳动市场经济价值的效率进行对比，以便评估在各类活动中哪种生产的效率更高。

专业替代成本法的缺点：首先，忽略了个人在家中从事生产性工作的时间效率和质量因素。比如，如果生产活动是烤面包，问题就不是很大；但是，如果是管道维修，一个没有经验的房主会比一个有经验的专门人员花更多的时间在这项工作上。其次，估算结果可能偏高。如组织管理、设备先进、规模经济、专业分工等因素导致市场生产的生产率高于住户生产，市场生产在许多方面存在优势，使用专业替代成本法的工资率会夸大投入的价值。最后，数据要求较高，理论基础相对缺乏。一方面，获取各类专家的家务劳动工资率的难度较大，并且并非所有的家务劳动产品都能找到一致的市场替代品；另一方面，一个家庭雇用多名市场专业人员从事家务劳动，违背家庭实际情况和常识。

（二）综合替代成本法（RC-G）

综合替代成本法是根据一个钟点工或者一个家庭佣人的工资来衡量用于各种活动的时间价值，无论打扫卫生、做饭还是育儿都使用同一个家庭服务业人员的工资率来衡量，也称为通才替代成本方法。比如，Goldschmidt 等用综合替代成本法（保姆工资率）计算出澳大利亚、法国、丹麦、芬兰、德国、挪威和保加利亚 7 个国家非市场活动的经济价值，以净工资计算的价值估计值约等于国内生产总值的三分之一。[①]

综合替代成本法指用钟点工来替代完成所有家务劳动，整个家务劳动的经济价值以市场上钟点工的工资率为标准。计算公式如下：

家务劳动的人均经济价值：

$$V_{rc-g} = H_i W_i$$

家务劳动的总经济价值：

$$TV_{rc-g} = \sum_{i=1}^{n} H_i P_i W_i$$

其中：V_{rc-g}：以综合替代成本法计算的家务劳动人均经济价值；

TV_{rc-g}：以综合替代成本法计算的家务劳动总经济价值；

H_i：第 i 个人口组的人家务劳动平均每人每年投入小时数；

P_i：第 i 个人口组的人口数；

---

① Goldschmidt-Clermont L., Pagnossin-Aligisakis E., Households' Non-SNA Production: Labour Time, Value of Labour and of Product, And Contribution to Extended Private Consumption [J]. *Review of Income and Wealth*, 1999, (4).

W_i：市场上钟点工/保姆的平均小时工资。

综合替代成本法的优点：首先，使用综合替代成本法的逻辑很清晰，它反映了应用于特定活动技能的小时价值。因此，它提供了一种独立于家庭的生产活动对生产总贡献的市场衡量。其次，综合替代成本法采用一揽子的计算方法，较为简单和直接，对数据的要求较低。最后，保姆或钟点工的生产效率与住户成员的生产效率比较接近，实际应用更广泛，估算结果较为准确。

综合替代成本法的缺点：有部分家务劳动是保姆无法胜任的，比如子女教育等，用保姆或钟点工替代可能会低估这部分的经济价值。但是，综合替代成本法仍然是目前家务劳动经济价值估算最常用和实用的方法。

第3章　中国家务劳动时间的性别差异及变动趋势

　　家务劳动是人类社会的基本劳动方式之一，自从人类社会出现家庭这个社会"细胞"以后，人们从事的劳动就有了家务劳动和社会劳动之分。家务劳动是家庭成员在家庭内部，为直接满足家庭成员物质生活和精神生活最终消费的需要而从事的没有货币报酬的相关活动。贝克尔的家庭效率理论指出，男性依靠其生理优势在市场型劳动中具有较高效率，而女性则由于生育、照料等在家务劳动上具有较高的效率，因此承担了主要的家务劳动，而男性则把主要精力放在市场型劳动方面。

　　随着技术进步和社会经济的发展，家务劳动的内容和方式也在发生着历史性的变革。首先，现代家用电器的入户替代部分手工劳动，家务劳动的时间密集度得以降低，电器化改变了不少家务劳动的方式，降低了相应劳动的复杂性；其次，家政服务业的快速发展为家务劳动的社会化提供了可能；最后，家庭规模和结构的变化从根本上改变了家庭养育、家庭照料等活动的周期和行为方式，生育率持续下降使中国传统的家庭结构正在发生改变，核心家庭比例逐年上升，为了最大化家庭福利，父母会协助女性看护孩子、操持家务。

工业化和现代化进程不仅从根本上改变了传统的经济生活、社会结构和文化环境，社会性别分工模式也随之出现了历史性的变革。在社会经济活动领域，随着大量接受过正规教育的女性进入劳动力市场并在社会经济活动中扮演越来越重要的角色，"男主外"的分工格局率先被打破。男性的家务劳动承担意识在不断增强，女性家务劳动公平意识也被逐渐认可，与"男主外"模式的历史性弱化相适应，当代社会"女主内"的分工实践也失去了其客观必然性。大量研究表明，随着女性就业率提升，受教育程度逐渐提高，性别观念越发趋于平等，女性家务劳动时间显著减少，而男性则降低缓慢，家务劳动的性别差异呈现出缩小的趋势。但尽管如此，家庭领域性别分工模式的演变还是相对滞后，到目前为止，女性依然是家务劳动的主要承担者。在几乎所有的社会中"女主内"的分工格局仍占主导地位，两性家务劳动分工格局依然显著存在。

基于三次中国妇女社会地位调查数据、2008 年全国时间利用调查数据、CGPiS 数据，本章重点探讨家务劳动时间的发展趋势和两性分工格局。

3.1　家务劳动性别分工的理论视角

现有关于家务劳动性别分工的理论假说主要包括基于经济学理性选择视角的时间可利用理论、相对资源理论，以及性别观念理论。

3.1.1　时间可利用理论

时间可利用理论认为个人家务劳动时间不仅受家务劳动

"需求侧"的影响，同时也面临家务劳动"供给侧"的制约。由于每个人的时间都是有限的，如何配置时间和供给侧的时间限制密切相关，即个人能否自由支配并投入相应的时间来从事家务劳动，也就是实际可利用时间的多少对家务分工决策具有决定性作用。[①] 通常认为，夫妻中业余时间较多、时间成本较低的一方承担更多的家务劳动是家庭性别分工的理性选择。该理论强调了家庭性别分工决策中家务劳动和社会劳动的替代关系，其着眼点主要在于社会劳动对家务劳动时间投入的挤出效应。家务劳动的时间可利用约束主要和个人的市场工作状态及工作时间密切相关，相比于没有工作的个体，从事全职或兼职工作的个体时间资源约束更强，家务劳动时间相对更少。[②] 个人的工作状态及时间不仅会影响自身的家务劳动时间，同时也会对配偶的家务劳动时间产生影响，尤其是妻子的工作状态对丈夫的家务劳动时间有较大影响。当妻子从事全职或兼职工作时，丈夫的家务劳动时间明显增加。[③]

3.1.2 相对资源理论

在理性选择假设的框架下，相对资源理论强调家务劳动繁杂且缺乏直接经济回报，理想情况下男女双方均倾向于规避家务劳动。家务劳动对个人而言意味着时间和精力的投入，对家

[①] Davis S., Greenstein T., Marks J., Effects of Union Type on Division of Household Labor: Do Cohabiting Men Really Perform More Housework? [J]. *Journal of Family Issues*, 2007, 28 (9).

[②] Hook J., Care in Context: Men's Unpaid Work in 20 Countries, 1965–2003 [J] *American Sociological Review*, 2006, 71 (4).

[③] Cunningham M., Influences of Women's Employment on the Gendered Division of Household Labor over the Life Course: Evidence from a 31 Year Panel Study [J]. *Journal of Family Issues*, 2007, 28 (9).

庭具有效用，个体主观上希望"逃避"家务劳动工作。不过，家庭性别分工决策以最大化家庭利益为目标，需要夫妻双方进行协商或博弈以确定家务分工。①

在这一过程中，相对资源理论强调夫妻双方个人资源的多寡对分工决策的决定性作用，认为收入、学历等外部资源赋予个人一定的决策权力，夫妻中个人资源占据相对优势的一方在家庭性别分工决策中拥有议价优势，能够以此来减少或规避个人的家务劳动投入。在家庭事务中，个人对家庭经济的相对贡献越大，其在家务劳动分工中的"讨价还价"能力越强，② 会从事越少的家务劳动。当夫妻双方拥有的资源相对均等时，家务分工模式趋于平等。

3.1.3　性别观念理论

性别观念理论强调个人所持有的观念能够在很大程度上降低家务劳动性别分工的不平衡。持有性别平等观念的个人认为男女在社会和家庭中都应相互平等，在家务劳动分工中也应体现这一原则，夫妻双方应该共同承担家务劳动，而传统性别观念则认为女性应该承担更多的家务劳动。个人性别观念越是趋向于现代、平等，家务劳动时间越少，家务劳动分工的"性别鸿沟"越小，且性别观念对女性家务劳动时间的改变越显著。与传统性别观念相比，若夫妻双方或一方持有性别平等观念，

---

① Becker G. S., Human Capital, Effort, and the Sexual Division of Labor [J]. *Journal of Labor Economics*, 1985, 3 (1). Becker G. S., *A Treatise on the Family* [M]. Cambridge, Mass. and London: Harvard University Press, 1993.

② 齐良书：《议价能力变化对家务劳动时间配置的影响——来自中国双收入家庭的经验证据》，《经济研究》2005 年第 9 期；孙晓东：《收入如何影响中国夫妻的家务劳动分工?》，《社会》2018 年第 5 期。

则女性的家务劳动时间将显著减少，其家务负担会明显改善。①

性别观念理论包括性别规范假说和性别角色表演假说。性别规范假说是从社会性别意识和性别规范的决定性作用出发的，强调家务分工模式是社会性别观念对男女"性别角色"社会化的结果。该理论认为，"性别角色"是在特定的社会结构和社会生活中建构出来的，在实践中通过代际示范和社会网络的影响不断得到规范和强化。"女主内"的家庭性别分工模式产生于生产力水平低下、产业结构单一的传统社会经济条件下，当时的社会结构和制度安排赋予了男性在生产资料、劳动技能和财产继承等方面的特权，女性的社会活动机会因而受到限制。这种性别分工模式一旦形成，会在实践中不断被社会化，进而形成与之相适应的社会性别意识和性别规范。男女两性从小接受相应"性别角色"观念和行为的文化熏陶，会实现性别意识和行为模式的代际传承。在此过程中，社会网络通过示范、舆论引导和规训等方式不断规范和强化性别意识，能够保障既有的性别分工模式不断延续。性别角色表演假说着重强调个体行为对社会观念和社会期待的应变性，认为家务劳动是性别关系的符号性产物，家务分工特征隐含了夫妻双方按照社会期待对性别角色的表演。② 该假说指出，在传统家务分工模式的社会经济基础发生根本性转变的时代背景下，"女主内"的分工格局仍得以维持，其主要原因在于相应分工模式承

---

① Davis S., Greenstein T., Marks J., Effects of Union Type on Division of Household Labor: Do Cohabiting Men Really Perform More Housework? [J] *Journal of Family Issues*, 2007, 28 (9).

② Bittman M., England P., Folbre N., et al, When Does Gender Trump Money? Bargaining and Time in Household Work [J]. *American Journal of Sociology*, 2003, 109 (1). Greenstein T. N., Husbands' Participation in Domestic Labor: Interactive Effects of Wives' and Husbands' Gender Ideologies [J]. *Journal of Marriage and Family*, 1996, 58 (3).

载了与社会观念相符的性别角色表演功能。

　　综上所述，家务劳动性别分工的理论从不同视角对家务劳动分工特征的形成机制进行了探讨，尤其是针对女性是家务劳动的主要承担者的成因进行了深入分析。但是，最新的经验研究表明，[①] 随着社会经济的发展，家庭领域的性别分工模式既没有如经济学理论所推断的那样出现与社会经济领域性别分工模式相适应的根本性变革，也没有像社会性别观念理论所隐含的，不断延续自我强化的内在发展规律。这些理论均未对家务劳动性别分工观念和行为的演变提供有效的解释或预测。因此，需要从动态发展的角度系统考察家庭性别分工模式，探索家务劳动性别分工模式演变的一般规律。有学者指出，在年轻队列中，丈夫分担家务的比例呈上升趋势。中国近年的社会调查结果也显示，在年轻队列中，男性分担家务的现象明显增加。[②] 然而，对于中国家庭性别分工模式的历史演变的趋势、方向及特征，现有国内研究尚缺乏系统的考察。因此，本章的研究问题包括：当代中国家庭的家务劳动时间发展趋势及家务劳动分工模式的演变。

3.2　数据来源和介绍

　　本章的数据来源主要有两部分，2008 年和 2018 年中国居民

---

① 牛建林：《当代中国的家务分工模式及其演变：基于文化扩散视角的研究》，《劳动经济研究》2018 年第 2 期；杨菊华：《从家务分工看私人空间的性别界限》，《妇女研究论丛》2006 年第 5 期。

② 佟新、刘爱玉：《城镇双职工家庭夫妻合作型家务劳动模式——基于 2010 年中国第三期妇女社会地位调查》，《中国社会科学》2015 年第 6 期；周旅军：《中国城镇在业夫妻家务劳动参与的影响因素分析——来自第三期中国妇女社会地位调查的发现》，《妇女研究论丛》2013 年第 5 期。

时间利用调查，1990 年、2000 年和 2010 年三次中国妇女社会地位调查数据。本章使用以上全国代表性抽样调查数据，分析 1979~2018 年中国家庭的家务分工特征及家务劳动潜在演变趋势。

2008 年中国居民时间利用调查是国家统计局在北京、河北、黑龙江、浙江、安徽、河南、广东、四川、云南、甘肃 10 省市共 202 个县（市、区）首次开展的全国性居民时间利用调查，从时间利用的角度反映了中国国民的生活模式和生活质量。以年龄在 15~74 岁的人口为调查对象，总计抽取调查样本 16661 户，调查对象 37142 人。准确地记录了调查对象休息日和工作日一天（24 小时）所从事的各类活动，内容详细丰富，成为研究我国无酬家务劳动的重要资料。2018 年进行了第二次调查。

中国妇女社会地位调查是全国妇联和国家统计局联合开展的一项具有广泛性、权威性及追踪性的重要国情、妇情调查，每十年开展一次，样本为 16~65 岁在业人口。个人问卷涵盖健康、教育、经济、社会保障、政治参与、婚姻家庭、生活方式、法律与人权、性别观念与认知等 9 个领域。社区问卷主要了解女性生活的社会经济文化环境，探究女性个人及群体生存发展与环境的联系，并对妇联改革和妇女工作情况实施调查。截至目前，共开展了 1990 年、2000 年和 2010 年三次中国妇女社会地位调查。在三次调查中，问卷都问及了受访者每天用于工作、通勤、学习、休闲、娱乐、家务和睡眠等七类活动的时间。数据具有全国代表性，除 1990 年调查仅在 11 个省（区、市）进行外，其余两次调查均在全国展开；此外，十年一次的连续考察，有助于动态地把握样本时间利用的纵向动态。中国妇女社会地位调查是迄今国内进行时间利用纵向比较研究的最佳数据之一。

3.3　中国家务劳动时间的基本状况与变动趋势

我国居民做家务的时间大幅减少，女性和男性花在家务上的时间都有所减少，其中女性花在家务上的时间减少较多，男性家务劳动的时间减少缓慢，两性家务劳动时间差距逐渐缩小。

3.3.1　三次妇女社会地位调查家务劳动时间的基本情况

由于受"男主外，女主内"等传统观念的影响，长期以来，中国女性是家务劳动的主要承担者。改革开放以来，尤其是随着我国城市化进程的加快，越来越多的已婚女性逐渐同丈夫一样成为家庭经济的供养者。在此变化过程中，她们所承担的家务劳动的总时数自 1979 年以来一直在稳步下降。家务劳动分工的性别差距越来越小，1979~2018 年女性的家务劳动时间在持续较快下降，男性的家务劳动时间在缓慢下降，差距逐渐缩小。

从 1978 年改革开放开始，我国广大农村逐步实行家庭联产承包责任制，家庭成为生产的基本单位。这种家务劳动分工模式从 1978 年延续至 1990 年。直到 1990 年农村夫妻分工模式依然是 61% 的妻子以家务劳动为主，以家务劳动为主的丈夫仅占 8%。

根据中国妇女社会地位调查的数据，从 1990 年到 2010 年，已婚女性每天家务劳动时间逐渐减少。中国妇女社会地位调查的数据表明，1990 年城镇女性的家务劳动时间为 223 分钟/天；2000 年为 172 分钟/天；2010 年为 102 分钟/天，20 年间城镇女性的日均家务劳动时间减少了 121 分钟，约 2 小时；而农村女性家务劳动时间的减少更为明显，从 1990 年的 310 分钟/天，到 2000 年的 266 分钟/天，再到 2010 年的 143 分钟/天，20 年间农村女性的日均家务劳动时间减少了 167 分钟，即 2 小时 47 分钟。从 1990 年到 2010 年，已婚男性每天家务劳动时间也逐渐减少，1990 年城镇男性的家务劳动时间为 129 分钟/天；2000 年为 73 分钟/天；2010 年为 43 分钟/天，20 年间城镇男性的日均家务劳动时间减少了 86 分钟，即 1 小时 26 分钟；而农村男性家务劳动时间从 1990 年的 134 分钟/天，到 2000 年的 94 分钟/天，再到 2010 年的 50 分钟/天，20 年间农村男性的日均家务劳动时间减少了 84 分钟，即 1 小时 24 分钟。

可见，随着时代的变迁，虽然已婚女性每天家务劳动时间有所减少，夫妻双方间的差距也在缩小，但夫妻双方在无偿家务劳动时间配置上的性别差异依然明显存在，妻子依然是家务劳动的主要承担者（见表 3-1、图 3-1）。[①]

表 3-1 中国妇女社会地位调查家务劳动时间利用情况

单位：小时

年份	城镇		农村	
	男	女	男	女
1990	2.16	3.75	2.23	5.18
2000	1.22	2.87	1.57	4.43
2010	0.72	1.79	0.83	2.38

资料来源：唐永霞：《改革开放 40 年中国农村已婚女性家庭地位的变化——基于中国妇女社会地位抽样调查数据的分析》，《甘肃高师学报》2020 年第 3 期。

[①] 表 3-1、图 3-1 数据为唐永霞文章中的数据，与我们获得的数据略有出入，可能是作者计算误差所致，不影响整体趋势判断。

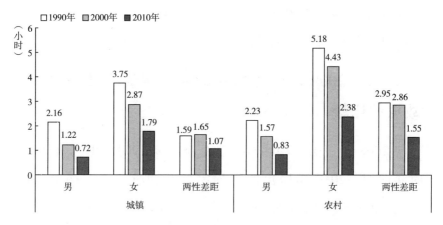

图 3-1　1990 年、2000 年、2010 年家务劳动时间的变动趋势

　　与 1990 年相比，2000 年城乡男女两性每天用于家务劳动的时间均有不同程度的降低，但以女性为主承担家务劳动的格局仍未改变。有 85% 以上的家庭做饭、洗碗、洗衣、打扫卫生等日常家务劳动主要由妻子承担。2000 年，女性平均每天用于家务劳动的时间达 4.23 小时，男性为 1.55 小时，女性比男性多了约 2.7 小时，两性家务劳动时间的差距仅比 1990 年缩短了 6 分钟。《第二次中国妇女社会地位调查》湖南省数据显示，有 75.0% 左右的女性承担了家庭的大部分或全部日常家务劳动。已婚在业女性工作日平均每天用于家务劳动的时间为 2.03 小时，比已婚在业男性多 1.35 小时；女性休息日平均每天家务劳动时间长达 3.42 小时，比男性多 2.04 小时。

　　2010 年第三期妇女社会地位调查显示，男女共同分担家务的观念得到更多认同，两性家务劳动时间差距缩小显著。88.6% 的人同意"男人也应该主动承担家务劳动"的主张，其中女性为 91.2%，男性为 82.0%，城镇男性比农村男性更认同这一观念。2010 年城乡在业女性工作日用于家务劳动的时间分别为 102 分钟和 143 分钟，比 2000 年减少了 70 分钟和 123 分钟，两性家务劳动时间的差距明显缩小。

3.3.2　2008 年中国居民时间利用调查数据与 2018 年数据的比较

与 2008 年相比，2018 年居民家务劳动时间减少，陪伴家人的时间增加。2018 年居民的平均家务劳动时间为 1 小时 26 分钟，比 2008 年减少 34 分钟，占全天时间的比重为 6%，下降了 2.3 个百分点；陪伴照料家人（包括陪伴照料孩子生活、陪伴照料成年家人）的时间为 44 分钟，比 2008 年增加 21 分钟，增长了约 0.9 倍，其中 82% 的时间用于照料孩子的生活和学习。陪伴照料家人的时间占全天时间的比重为 3.1%，提高了 1.5 个百分点（见表 3-2、图 3-2）。家务劳动结构的显著变化反映出人们更注重与家人相伴，尤其重视对孩子的培养教育。此外，家务劳动的社会化，如送餐、小时工等社会化服务快速发展，也是居民家务劳动时间减少的重要因素之一。

表 3-2　按城乡区域和性别划分的家务劳动平均时间

单位：分钟

年份	2008					2018				
分类	平均时间	男	女	城镇	农村	平均时间	男	女	城镇	农村
家务劳动	120	69	191	141	120	86	45	126	79	97
陪伴照料孩子生活	21	11	31	20	22	36	17	53	38	33
陪伴照料成年家人	2	2	2	3	1	8	7	9	10	6

资料来源：2008 年时间利用调查资料汇编、2018 年时间利用调查统计公报。

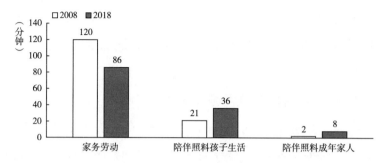

图 3-2　2008 年、2018 年家务劳动时间的变动

　　两性的家务劳动时间都在减少，但女性下降趋势快于男性，两性家务劳动时间差距变小。2018 年全国时间利用调查中投入家务劳动的时间，女性为 2 小时 6 分钟，男性为 45 分钟，女性比男性多 1 小时 21 分钟；2008 年投入家务劳动的时间，女性为 3 小时 11 分钟，男性为 1 小时 9 分钟，女性比男性多了 2 小时 2 分钟。因此，2018 年两性家务劳动时间差距比 2008 年缩小了 41 分钟（见图 3-3）。由于两性的家务劳动时间都在减少，女性下降趋势快于男性，因此两性家务劳动时间差距变小，但女性还是家务劳动的主要承担者。

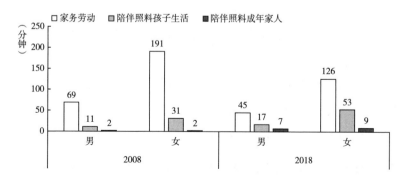

图 3-3　2008 年、2018 年家务劳动性别分工的变动

陪伴照料家人的时间变长，女性的照料时间投入大于男性。2018 年居民陪伴照料孩子生活的平均时间，男性为 17 分钟，女性为 53 分钟；2008 年男性为 11 分钟，女性为 31 分钟。2018 年居民陪伴照料成年家人的平均时间，男性为 7 分钟，女性为 9 分钟；2008 年男性和女性都是 2 分钟。

城乡居民家务劳动时间均减少，且城镇快于农村。2018 年居民家务劳动平均时间，城镇居民为 1 小时 19 分钟，农村居民为 1 小时 37 分钟；2008 年城镇居民为 2 小时 21 分钟，农村居民为 2 小时（见图 3-4）。城镇居民家务劳动时间的减少速度快于农村地区，从 2008 年的高于农村地区转变为 2018 年的低于农村地区且城乡居民家务劳动时间的差距也在缩小。

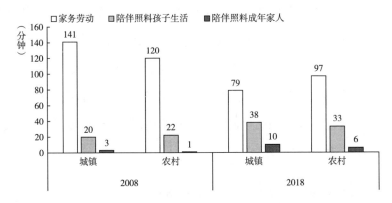

图 3-4　2008 年、2018 年城乡家务劳动时间的变动

城乡居民陪伴照料孩子生活、陪伴照料成年家人的时间均有所延长。2018 年居民陪伴照料孩子生活，城镇居民为 38 分钟，农村居民为 33 分钟；2008 年城镇居民为 20 分钟，农村居民为 22 分钟。2018 年陪伴照料成年家人的平均时间，城镇居民为 10 分钟，农村居民为 6 分钟；2008 年城镇居民为 3 分钟，农

村居民为1分钟。

3.4　家务劳动时间性别分工变动的原因

家务劳动时间性别分工的变动主要表现为女性家务劳动时间减少较快，男性家务劳动时间减少较慢，两性家务劳动时间差距逐渐缩小。

女性家务劳动时间减少迅速主要可以归因于一些结构性因素的变化，比如劳动力参与率上升、结婚年龄推迟和生育孩子数量的减少等。改革开放40多年来，中国婚姻家庭的变化是多方面的，尤其是计划生育政策对家庭产生的深远影响，使家庭关系向男女平权和代际平权方面发生了转变。当前中国的总和生育率介于2.1~2.3，在我国刚开始实行有计划的生育政策的1970年，总和生育率为5.81；10年后的1979年，总和生育率就下降到2.75。从人口普查数据看，1990年总和生育率下降到更替水平，为2.17；到2000年第五次人口普查时，中国妇女的总和生育率为1.23。女性总和生育率在30年间从5.81下降到1.23，即每位女性一生少生了4.58个孩子，女性从繁重的生殖劳动以及与生育相关的抚养劳动中解放出来，有了更多的时间和精力从事工作和事业。另外，家庭结构的变化，家庭人口数的减少，也降低了女性的家务劳动量。1982年第三次人口普查数据显示，我国平均家庭户规模为4.41人/户，1990年第四次人口普查则下降到3.96人/户，2010年降到3.10人/户；最低时的2014年为2.97人/户。2015年在"全面二孩"政策的作用下，这一规模恢复到3.10人/户。三口之家的家务劳动量相对较少，加之社会生活条件的改善，家务总量明显减少。

女性受教育程度的明显提高也是女性家务劳动时间减少的原因之一。中国妇女社会地位调查表明，城镇女性平均受教育年限不断提高，1990 年女性平均受教育年限为 7.8 年，2000 年为 8.7 年，2010 年为 9.8 年。城镇女性受教育年限 20 年提高了 2 年；农村女性平均受教育年限也在提升，从 1990 年的 4.7 年提升到 2000 年的 8 年。在此基础上，女性的经济能力有所增强，特别是非农就业的比例有了较大幅度的提高，比如农村在业的女性当中，2010 年主要从事非农劳动的比例比 2000 年提高 14.7 个百分点，证明了女性就业层次的提高。女性参与管理的程度有所提高，社会参与的主动性也增强了，2010 年女性参与过各级管理工作的比例比 2000 年提高了 4.5 个百分点。女性对家庭地位的满意度比较高，男女在家庭事务的决策上也更加平等。从数字来看，妻子在家庭当中的作用明显提高，例如妻子在参与家庭投资、贷款等比较重大的决策中的比例提高了 14.3 个百分点，间接体现了男女分担家务的理念得到认同，两性家务劳动时间的差距在逐渐缩小。

在这一时期，男性做家务的时间减少缓慢。虽然男性更愿意做家务，观念更加平等，但家务劳动的性别隔离仍在继续，妻子们在很大程度上仍承担着传统上由女性承担的"核心"工作，而男性则把他们的家务劳动集中在其他更具偶然性或随意性的工作上。已婚男性家务劳动时间减少比较缓慢的主要原因是妻子投入市场工作时间增加和男性观念态度的变化，他们对于社会期望、责任和公平有了新的认知，并愿意为维护家庭做出贡献。同时，这在某种程度上也表明了"女性工作"的文化观念的改变，男性做饭和打扫卫生更容易被接受，甚至更受欢迎，因为男性可以展示家务能力。

3.5 小结

本章利用 1990 年、2000 年和 2010 年中国妇女社会地位调查数据，2008 年和 2018 年全国时间利用调查数据，分析了 1979~2018 年我国家务劳动时间的变动趋势以及中国家庭家务劳动性别分工模式的演变机制，着重从时间趋势的视角探讨家务劳动时间和家务分工模式演变的必然性及其在当代中国的具体特征。本章的主要研究结论包括如下几个方面。

第一，中国居民从事家务劳动的时间逐渐减少。这主要与经济的发展、社会结构的变动和女性社会地位的提升有关，家务劳动的社会化、女性生育率的降低等因素直接影响居民家务劳动时间的投入总量。

第二，中国家庭正在经历家务分工平等化的演变。中国两性家务劳动时间的差距逐年缩小，是现代文化和社会经济发展共同作用的结果，代表了中国当代社会家务分工模式演变的方向。

第三，城镇家务劳动时间下降幅度大于农村地区，城镇地区两性平等分担家务的现象多于农村。家务劳动分工特征的人群差异，在一定程度上映射了家庭性别分工模式演变的潜在规律。

第四，家务劳动"女主内"的模式依旧持续，女性仍然是家务劳动的主要承担者，女性为家庭付出的时间和精力远远大于男性，家务劳动性别分工模式演变滞后于社会市场劳动的性别分工模式演变。

基于以上结论，本章认为，中国当代社会家务劳动分工平等化具有历史必然性，但这一过程会比较缓慢。需要重视现代平等性别文化的传播及其影响，利用多渠道、多种类的媒介弘扬平等的性别角色观念和性别文化；加快建设有利于男性参与和平等分担家务的社会支持系统，切实推动各领域的性别平等，完善家政服务和托育服务；着力改善全社会女性在教育、职业地位等方面的发展状况，通过女性自身观念的改变和自我赋权更为直接有效地推动家庭性别分工平等化进程；有必要将无报酬家务劳动所创造的经济价值纳入未来收入保障，有针对性地保护女性家务劳动创造的经济价值，《离婚法》要考虑女性在婚姻存续期间的家务劳动经济价值，实行护理津贴，保障家庭照护者的合法权益。

第4章 中国家务劳动经济价值测度

家务劳动是维持家庭生存和发展的一项基本活动，家庭是社会的细胞，育儿和家务劳动主要由家庭内部来解决。家务劳动作为一项非常重要的经济投入，在经济价值评价中往往被忽视，以往总是被视为无酬劳动，国民经济价值核算中未包括对家庭生产价值的任何估算。

长期以来，经济学家一直指出，在宏观经济分析中不考虑无酬家务劳动可能会引起一系列问题，比如导致目前的国民经济核算体系未能真实反映社会生产成果和经济与福利的增长，不能合理评价女性在社会经济生活中的贡献。有学者指出，现行的国民生产总值（GNP）仅包括75%的男性人口和33%的女性人口的生产活动，尤其是女性的家庭部门生产往往被视为"妇女的天然职责"，女性的经济贡献被明显低估。然而，为家庭活动确定货币价值并非易事，家务劳动经济价值的量化存在一定难度，因为这些工作是没有报酬的，而且往往产生无形的服务，对家务劳动的经济价值只能通过选择与家务劳动的经济价值相符的重置成本进行估算。

20世纪70年代以来，国际上开始探索家务劳动经济价值的测算，目前已经形成了相对比较完善的体系。2005年，联合国统计司编制出版《时间利用数据统计指南：有酬和无酬劳动核算》，为家务劳动经济价值核算提供了翔实、充足的数据来源。2017 年，联合国欧洲经济委员会（UNECE）制定了评估无报酬家务服务工作的指南，为国家统计部门选择和应用评价家务劳动经济价值的方法、编制家庭卫星账户提供了依据。在中国，随着女性社会劳动参与率的提升，相关人员逐渐开始关注住户部门无酬服务的经济价值。2008 年我国开展了首次全国时间利用调查，其中包括了工作日和休息日家务劳动时间使用的详细数据，一些调查组也相继进行了家务劳动时间分配的调查，为家务劳动的经济价值估算提供了必要的数据支持。

从女性视角来看，妇女承担着无报酬家务劳动的主要责任，为家庭福祉和社会稳定付出了巨量的时间、体力和精力。但是，无报酬家务劳动却限制了妇女平等参与劳动力市场的能力、动力和活力，大量占用了女性用于自我照顾、人力资本投资、与他人交往、政治参与和放松的时间。尽管无报酬家务劳动对社会福利和两性平等具有重要影响，但是提供家务劳动往往仍被视为"妇女的天然职责"，家务劳动仍然不被包括在传统收入和劳动力统计中，女性的经济贡献一直被明显低估。

从老龄化视角来看，我国早已进入老龄化社会，且老龄化程度不断加深。截至 2016 年底，我国 60 岁以上人口已达 2.3 亿人，占总人口的 16.7%；65 岁以上人口达 1.5 亿人，占 10.8%。据预测，我国老年抚养比将由目前的 2.8∶1 达到 2050 年的 1.3∶1。老年人常被视为一种成本、负担和索取者，老龄人口增长导致政府的直接财政成本上升。但是，这是对老年人贡献的一种不公平的看法。虽然政府为老年人提供服务的直接成本是可以计算的，但这种方法忽略了老年人在生命历程早期的贡献以及老年人在晚年的持续贡献。这种对老年人贡献的低估与对妇女的无酬家务劳动贡献的低估有直接的相似之处。

从家务劳动的经济属性视角来看，首先，家务劳动对提供者本人存在负效用，家务劳动提供者以牺牲闲暇时间和工作时间为代价，付出了机会成本，加速了人力资本折旧，限制了职业发展的竞争力，降低了休闲娱乐带来的幸福感，长期重复单调的动作也有损劳动者的健康。其次，家务劳动对社会存在外部性，比如照顾老人和小孩，社会可能从照料事务中受益或受损。就业率和家务劳动也有密切联系，家务劳动创造的价值会补充一部分失业造成的经济损失。最后，从时间利用来看，家务劳动的经济价值巨大。时间总量是恒定的，假设每人每天花费 10 个小时在睡觉和自我照料上，参加就业人员每天工作 8 小时，剩余 6 小时，工作时间占总其余时间的 57%。根据世界银行中国劳动年龄人口参与率，我国约有 30% 的劳动年龄人口未参加工作，以此推算，则工作时间只占劳动年龄人口总剩余时间的 40%，还有 60% 的时间未被核算，这部分非工作时间的分配和效率可能比工作时间更重要，蕴含巨大的潜在经济价值，因而有必要对家务劳动创造的经济价值进行估算。

因此，本章试图与传统的国民收入衡量方法相结合，估算未在国民账户中计算的家务劳动所贡献的经济价值，以便能够更真实地反映社会的生产经济活动。

4.1　数据来源与基本统计

4.1.1　数据来源

本章的家务劳动时间利用数据来自 2017 年"中国真实进步微观调查"（China Genuine Progress indicator Survey，CGPiS）。

此调查是由北京师范大学创新发展研究中心开展的一项全国性大型综合调查项目，是首次在国内开展的针对中国真实进步指标测算进行的全国性抽样调查。本调查旨在建立一个微观家庭和个人的全面、真实、有代表性的大型数据库，并基于此数据库开展学术和政策研究，构建一套测度中国经济社会真实进步的指标体系，提出改进经济社会发展的有效对策方略，从而为增进国民整体幸福感做出贡献。项目于 2015 年 12 月启动，调查内容涉及就业、消费、时间利用、环境、健康、生育、社会网络和价值观等诸多方面。中国真实进步微观调查（2016）为试调查，样本范围仅为北京市和成都市，累计采集 3033 户家庭样本数据和 8437 份个人数据、5655 份网络调查样本数据。中国真实进步微观调查（2017）样本范围覆盖 29 个省、自治区、直辖市，样本量达 40000 户。中国真实进步微观调查（2019）样本范围覆盖 29 个省、自治区、直辖市，样本量达 30000 户。

4.1.2 样本分布

家务劳动的时间利用属于家庭问卷内容，本次调查共得到 39281 个有效个人样本。其中，样本中男性所占比重为 50.46%，女性占 49.54%；15～34 岁人口所占比重为 12.2%，35～54 岁人口占 38.6%，55～64 岁人口占 22.7%，65 岁及以上人口占 26.4%（见表 4-1、表 4-2）。

表 4-1 样本总体分布

地区	样本数（个）	男性比重（%）	女性比重（%）	地区	样本数（个）	男性比重（%）	女性比重（%）
北京	1364	39.34	60.59	河南	1105	51.13	48.87
天津	1043	43.72	56.28	湖北	1572	51.59	48.41

续表

地区	样本数 （个）	男性比重 （%）	女性比重 （%）	地区	样本数 （个）	男性比重 （%）	女性比重 （%）
河北	1570	45.48	54.52	湖南	1573	47.81	52.19
山西	1460	47.74	52.26	广东	2869	52.79	47.18
内蒙古	492	45.53	54.47	广西	819	57.63	42.37
辽宁	2218	44.18	55.82	海南	816	66.05	33.95
吉林	1442	49.65	50.35	重庆	1376	54.29	45.71
黑龙江	1318	45.14	54.86	四川	1707	52.81	47.13
上海	1897	44.44	55.56	贵州	687	57.06	42.94
江苏	1778	51.74	48.26	云南	992	56.85	43.15
浙江	2297	50.63	49.37	陕西	1229	49.88	50.12
安徽	979	53.12	46.88	甘肃	817	58.02	41.98
福建	1721	57.06	42.82	青海	718	57.94	42.06
江西	792	51.26	48.74	宁夏	524	51.53	48.47
山东	2108	49.24	50.76	全国	39281	50.46	49.54

资料来源：根据 CGPiS 数据进行测算与整理。

表 4-2　样本年龄分布

单位：个

地区	15~34 岁	35~54 岁	55~64 岁	65 岁及 以上	地区	15~34 岁	35~54 岁	55~64 岁	65 岁及 以上
北京	173	417	362	412	河南	104	510	229	262
天津	113	277	286	367	湖北	128	581	423	440
河北	181	619	364	406	湖南	186	601	345	441
山西	116	524	383	437	广东	628	1176	522	543
内蒙古	64	176	103	149	广西	89	350	170	210
辽宁	256	803	592	567	海南	165	379	159	113
吉林	134	654	343	311	重庆	133	479	280	484
黑龙江	116	574	344	284	四川	269	662	310	466

续表

地区	15~34岁	35~54岁	55~64岁	65岁及以上	地区	15~34岁	35~54岁	55~64岁	65岁及以上
上海	213	442	551	691	贵州	58	306	135	188
江苏	145	648	401	584	云南	102	462	207	221
浙江	291	869	489	648	陕西	191	447	276	315
安徽	82	381	200	316	甘肃	96	382	168	171
福建	296	686	360	377	青海	132	384	113	89
江西	58	316	205	213	宁夏	72	251	86	115
山东	218	813	525	552	全国	4809	15169	8931	10372

4.1.3 家务劳动的界定和家务劳动时间

本章定义的家务劳动,[①] 是指最近非假期一个月，平均每天从事照顾家人和做饭、买菜、洗衣、打扫卫生等家务劳动花费的总时间。本章只考虑了工作日的家务劳动时间，采用工作日的家务劳动时间计算经济价值，和市场经济价值的计算更具有同步性和可比性。

表4-3列出了被调查者工作日家务劳动的平均时间分布。全国人均家务劳动时间为 2.24 小时/天，其中，云南、山西、黑龙江、甘肃、湖南、河南、安徽、上海、陕西、河北、北京、天津、贵州、江西、江苏、内蒙古、辽宁、宁夏 18 个省份的人均家务劳动时间均多于或等于全国平均时间；浙江、海南、广东、山东、广西、福建、重庆、青海、四川、湖北、吉林 11 个省份的人均家务劳动时间低于全国平均水平。

---

① ［PC001］（为了操持家务，）最近非假期的一个月，您平均每天照顾家人（包括接送孩子）几个小时？（单位：小时）［PC002］（为了操持家务，）最近非假期的一个月，您平均每天做饭、买菜、洗衣、打扫卫生等花几个小时？（单位：小时）

表 4-3 工作日家务劳动的平均时间

单位：小时/天

地区	家务劳动时间	地区	家务劳动时间
北京	2.35	河南	2.43
天津	2.35	湖北	2.19
河北	2.38	湖南	2.46
山西	2.58	广东	1.93
内蒙古	2.25	广西	2.05
辽宁	2.24	海南	1.93
吉林	2.23	重庆	2.07
黑龙江	2.50	四川	2.17
上海	2.40	贵州	2.34
江苏	2.27	云南	2.60
浙江	1.88	陕西	2.40
安徽	2.42	甘肃	2.47
福建	2.06	青海	2.14
江西	2.33	宁夏	2.24
山东	2.04	全国	2.24

4.2 家务劳动经济价值的测度

在国外，很早就开始了家务劳动经济价值的估算工作。国际劳工组织和联合国人口活动基金会（Goldschmidt）出版了一本关于无偿家务劳动经济价值估算方法的综述，研究探讨了这些估算方法的优缺点和遇到的困难，并对估算结果进行了分析评价，提供了 75 项评价的摘要说明。[1] 挪威开展了对家务劳动

① Goldschmidt L., *Unpaid Work in the Household*: *A Review of Economic Evaluation Methods* [M]. Published With the Financial Support of the United Nations Fund for Population Activities (UNFPA). International Labour Office Geneva, 1998.

经济价值的发展趋势研究和对收入分配的研究，测算发现 1972
年、1981 年和 1990 年的无酬家务劳动经济价值占 GDP 的比重
从 53% 下降到 38%，其中女性的家务劳动价值占 GDP 的比重下
降了 16 个百分点，男性则上升了 1 个百分点。[①] 同时研究发现，
如果将家务劳动的经济价值计算在内，会大幅降低税前收入的
不平等，有助于收入的均匀分配。澳大利亚探讨了老年人创造
的家务劳动、志愿服务的价值，论证了 65 岁以上的老年人每年
在无偿照料和志愿服务方面贡献了近 390 亿美元，如果把 55 岁
至 64 岁的人口计算在内，贡献将增加到 754 亿美元。[②]

目前，家务劳动经济价值计算的客观条件日益完善。美国
国家委员会的一项研究专题——设计美国的非市场核算认为，
鉴于国民经济核算的发展，既有详细的工资指标，也有家庭服
务等非市场活动的数据，非市场家庭生产的经济价值可以通过
间接手段衡量。[③] 同时由于很多国家开展了时间利用调查，越来
越多的学者和统计机构对发展家庭生产账户产生了兴趣。MTUS
数据库为至少 37 个国家提供了时间使用调查数据，提供了建设
家庭生产账户的机会，澳大利亚、加拿大、芬兰、德国、英国
等许多国家建立了家庭生产账户。[④]

国内也在积极开展家务劳动经济价值的估算工作，大多数是

① Aslaksen I., Koren C., Unpaid Household Work and the Distribution of Extended Income: The Norwegian Experience [J]. *Feminist Economics* 2 (3), 1996.
② David de Vaus, Gray M., Stanton D., Measuring the Value of Unpaid Household, Caring and Voluntary Work of Older Australians. Australian Institute of Family Studies, Research Paper, No. 34, October 2003.
③ Abraham K. G., Mackie C., *Beyond the Market: Designing Nonmarket Accounts for the United States* [M]. Washington, D. C.: The National Academies Press, 2005.
④ Lefeld, J. S., Fraumeni B., Accounting for Household Production: A Prototype Satellite Using the American Time Use Survey [J]. *Review of Income and Wealth*, Series 55, Number 2, June 2009.

依据 2008 年的时间利用调查数据进行估算，并进行了一些方法上
的探索创新。王兆萍等在投入法的基础上构造线性替代法，测算
出 2008 年甘肃省无酬家务劳动的价值占甘肃 GDP 的 34.63%，其
中女性创造的价值占总体价值的 75.61%。[①] 廖宇航利用 CHNS
的 2011 年截面数据和国家统计局的劳动工资数据估算调查地区
的家务劳动经济价值，分别采用机会成本法、综合替代法和行
业替代法三种方法进行估算，发现家务劳动潜在经济价值约占
GDP 的 30%。[②] 一些学者测算了无酬劳动的经济价值，Dong 和
An 认为 2008 年无酬劳动的经济价值在官方 GDP 中所占比例从
25% 到 32% 不等。[③] 李浩杰分别采用机会成本替代法和市场成本
替代法对居民无酬劳动的经济价值进行了估算，认为 2008 年我
国居民无酬劳动经济价值占 GDP 的比重为 44%~45%。[④] 也有一
些学者开展了家务劳动产出核算的探析和家务劳动定价的相关
研究，沈尤佳利用加里·S. 贝克尔的单人户居民时间分配模型
和埃奇沃斯曲线，提出妇女家务劳动的价格等于丈夫和妻子市
场劳动取得的真实工资率的加权平均数。[⑤] 戴秋亮等介绍了家务
劳动经济价值核算的 4 种计算方法，即机会成本法、行业费用
替代法、综合费用替代法，及补偿性工资法（间接法），尤其对
最后一种进行了重点介绍。[⑥]

　　在本章，我们第一步测算小时工资。本章所计算的是非假

[①] 王兆萍、张健：《无酬家务劳动价值的新估算》，《统计与决策》2015 年第 5 期。

[②] 廖宇航：《家务劳动价值的估算》，《统计与决策》2018 年第 8 期。

[③] Dong X. Y., An X., Gender Patterns and Value of Unpaid Work Findings from China's First Large-Scale Time Use Survey. UNRISD Research Paper 2012（6）.

[④] 李浩杰：《关于我国居民无酬劳动经济价值的估算与分析》，清华大学博士学位论文，2017。

[⑤] 沈尤佳：《如何衡量妇女家务劳动的价格?》，《生产力研究》2010 年第 11 期。

[⑥] 戴秋亮、詹国华：《关于家务劳动产出核算的探析》，《统计与决策》2010 年第 20 期。

期家务劳动时间，也就是工作日的家务劳动时间，因此需要扣除节假日。假定每年 52 个星期，则周末共计 104 天。每年的国家法定假日是 11 天。因此每年的工作天数即 365 天减去 104 天减去 11 天等于 250 天。每小时工资等于工资标准除以 2000（按250 天计算，每天 8 小时工作制）计算得到。第二步，估计人口指标。为了与市场劳动力保持同步，本部分测算的是 15 周岁及以上的常住人口。第三步，测算家务劳动经济价值。本章分别测算家务劳动的人均价值和总价值，测算公式如下：

家务劳动的人均经济价值＝家务劳动平均时长 t×小时工资 w×250

家务劳动的总经济价值＝家务劳动平均时长 t×小时工资 w×适龄人口数 p×250

4.2.1　机会成本法

我们使用 2017 年 CGPiS 中工作日家务劳动的平均时间，乘以 2016 年城镇单位就业人员平均工资计算的每小时工资，乘以250 天，计算得出年人均家务劳动经济价值；用年人均家务劳动经济价值乘以 15 岁及以上的人口数，得到家务劳动的总经济价值。

表 4-4 列出了机会成本法使用的家务劳动的小时工资标准 W_i。上海、北京、天津的小时工资居于前三位，依次为 59.97元/小时、59.96 元/小时和 43.15 元/小时；浙江、广东、江苏居于第 4～6 位，依次为 36.66 元/小时、36.16 元/小时和 35.79元/小时。河南、黑龙江、山西、河北、辽宁 5 个省份的家务劳动工资标准居于最后 5 位，依次为 24.75 元/小时、26.22 元/小时、26.85 元/小时、27.67 元/小时、28.01 元/小时。

表 4-4 工资标准

单位：元

地区	年平均工资	小时工资	地区	年平均工资	小时工资
北京	119928	59.96	河南	49505	24.75
天津	86305	43.15	湖北	59831	29.92
河北	55334	27.67	湖南	58241	29.12
山西	53705	26.85	广东	72326	36.16
内蒙古	61067	30.53	广西	57878	28.94
辽宁	56015	28.01	海南	61663	30.83
吉林	56098	28.05	重庆	65545	32.77
黑龙江	52435	26.22	四川	63926	31.96
上海	119935	59.97	贵州	66279	33.14
江苏	71574	35.79	云南	60450	30.23
浙江	73326	36.66	陕西	59637	29.82
安徽	59102	29.55	甘肃	57575	28.79
福建	61973	30.99	青海	66589	33.29
江西	56136	28.07	宁夏	65570	32.79
山东	62539	31.27	全国	67569	33.78

资料来源：国家统计局网站。

表4-5列出了工作日家务劳动的年人均经济价值和总经济价值。用机会成本法估算工作日家务劳动的年人均经济价值为18919元，总经济价值约为201466.11亿元，占GDP的26.99%。用机会成本法估算的工资往往偏高，因为预期的市场就业的工资往往高于无工作的人，因此用该方法估算的家务劳动人均经济价值和总经济价值也偏高。

从地区看，广东的家务劳动总经济价值居于首位，约为15885.82亿元；江苏、山东、四川、河南居于第2~5位，家务劳动总经济价值依次为14049.89亿元、13257.75亿元、12039.64亿元、11278.01亿元；河北、湖南、安徽、浙江、湖北居于第6~

10 位，家务劳动总经济价值依次为 9995.64 亿元、9953.52 亿元、9127.08 亿元、8341.65 亿元、8166.93 亿元；吉林、天津、海南、宁夏、青海居于最后 5 位，家务劳动的总经济价值依次为 3733.16 亿元、3567.45 亿元、1097.86 亿元、989.34 亿元、847.81 亿元。

从家务劳动总经济价值与 GDP 之比看，云南、甘肃 2 个地区家务劳动贡献的经济价值占 GDP 的比重超过 50%，贵州、山西 2 个地区家务劳动贡献的经济价值占 GDP 的比重超过 40%，安徽、四川、黑龙江、青海、湖南、宁夏、河北、江西、广西、陕西 10 个地区家务劳动贡献的经济价值占 GDP 的比重超过 30%，北京、河南、湖北、内蒙古、辽宁、海南、吉林、重庆、上海 9 个地区家务劳动贡献的经济价值占 GDP 的比重超过 20%，天津、广东、浙江、福建、山东、江苏 6 个地区家务劳动贡献的经济价值占 GDP 的比重超过 15%。

表 4-5　家务劳动的经济价值-机会成本法

地区	人均价值（元）	总价值（亿元）	总价值与 GDP 之比（%）	地区	人均价值（元）	总价值（亿元）	总价值与 GDP 之比（%）
北京	35229	6866.46	26.75	河南	15037	11278.01	27.87
天津	25352	3567.45	19.95	湖北	16379	8166.93	25.00
河北	16462	9995.64	31.17	湖南	17909	9953.52	31.55
山西	17320	5391.38	41.31	广东	17449	15885.82	19.65
内蒙古	17175	3752.24	20.70	广西	14831	5591.08	30.52
辽宁	15684	6136.22	27.58	海南	14876	1097.86	27.09
吉林	15637	3733.16	25.26	重庆	16960	4370.68	24.64
黑龙江	16386	5543.69	36.03	四川	17340	12039.64	36.56
上海	35981	7865.36	27.91	贵州	19387	5357.10	45.49
江苏	20309	14049.89	18.16	云南	19646	7737.68	52.32

续表

地区	人均价值 （元）	总价值 （亿元）	总价值与 GDP 之比 （%）	地区	人均价值 （元）	总价值 （亿元）	总价值与 GDP 之比 （%）
浙江	17232	8341.65	17.65	陕西	17891	5857.55	30.19
安徽	17878	9127.08	37.39	甘肃	17776	3832.80	53.23
福建	15958	5168.81	17.94	青海	17813	847.81	32.96
江西	16350	5663.50	30.62	宁夏	18360	989.34	31.22
山东	15947	13257.75	19.49	全国	18919	201466.11	26.99

4.2.2　综合替代成本法

使用 2017 年 CGPiS 中工作日家务劳动的平均时间，乘以根据 2016 年居民服务和其他服务业城镇单位就业人员平均工资计算的每小时工资，乘以 250 天，计算得出年人均家务劳动经济价值；用年人均家务劳动经济价值乘以适龄人口数，得到家务劳动的总经济价值。

表 4-6 列出了综合替代成本法使用的家务劳动的小时工资标准 W_i。上海市的小时工资居于首位，约为 33.1 元/小时；浙江、江苏、黑龙江、北京、江西 5 个省份的家务劳动工资标准均大于 25 元/小时。吉林、河北、山西、河南、青海、内蒙古、贵州、陕西、云南、甘肃、辽宁、海南 12 个省份的家务劳动工资标准均小于 20 元/小时。

表 4-6　工资标准

单位：元

地区	年平均工资	小时工资	地区	年平均工资	小时工资
北京	52025	26.01	河南	36848	18.42
天津	41777	20.89	湖北	43921	21.96

地区	年平均工资	小时工资	地区	年平均工资	小时工资
河北	35634	17.82	湖南	45946	22.97
山西	36307	18.15	广东	49297	24.65
内蒙古	38082	19.04	广西	45729	22.86
辽宁	39022	19.51	海南	39352	19.68
吉林	32797	16.40	重庆	46015	23.01
黑龙江	55411	27.71	四川	47806	23.90
上海	66280	33.14	贵州	38246	19.12
江苏	57905	28.95	云南	38581	19.29
浙江	58157	29.08	陕西	38405	19.20
安徽	44353	22.18	甘肃	38823	19.41
福建	48040	24.02	青海	37917	18.96
江西	51631	25.82	宁夏	41492	20.75
山东	44511	22.26	全国	47577	23.79

资料来源：国家统计局网站。

表4-7列示了按综合替代成本法估算得到的全国工作日家务劳动的年人均经济价值和总经济价值。其中工作日家务劳动的年人均经济价值为 13322 元，总经济价值约为 143028.30 亿元，约占 GDP 的 19.16%。

家务劳动经济价值的地区差异比较显著。上海市家务劳动人均经济价值最高，接近 20000 元/（人·年）；黑龙江、江苏、北京、江西 4 个地区家务劳动贡献的人均经济价值也都高于15000 元/（人·年），而吉林、海南、青海、河北、内蒙古、辽宁 6 个地区的人均经济价值在 10000 元/（人·年）左右。江苏和广东 2 个地区家务劳动创造的经济价值均破 10000 亿元大关，山东、四川、河南 3 个地区创造的价值都超过 8000 亿元，湖南、安徽、浙江、河北 4 个地区家务劳动创造的经济价值分别都突破了 6000 亿元, 湖北、黑龙江、江西、云南、广西、福建、上海和辽宁 8 个地区超过 4000 亿元, 陕西、山西、贵州、重庆、北京、甘肃、内蒙古和吉林 8 个地区分别超过 2000 亿元, 只有天津、海南、宁夏和青海 4 个地区低于 2000 亿元。

表 4-7 家务劳动的经济价值-综合替代成本法

地区	人均价值（元）	总价值（亿元）	总价值与GDP之比（%）	地区	人均价值（元）	总价值（亿元）	总价值与GDP之比（%）
北京	15282	2978.68	11.60	河南	11193	8394.55	20.74
天津	12272	1726.87	9.66	湖北	12023	5995.21	18.35
河北	10601	6437.00	20.07	湖南	14128	7852.28	24.89
山西	11709	3644.81	27.93	广东	11893	10827.69	13.39
内蒙古	10711	2339.94	12.91	广西	11718	4417.47	24.12
辽宁	10926	4274.70	19.21	海南	9494	700.63	17.29
吉林	9142	2182.55	14.77	重庆	11906	3068.38	17.30
黑龙江	17316	5858.33	38.08	四川	12967	9003.65	27.34
上海	19884	4346.66	15.43	贵州	11187	3091.29	26.25
江苏	16431	11366.68	14.69	云南	12539	4938.42	33.39
浙江	13667	6616.01	14.00	陕西	11522	3772.14	19.44
安徽	13417	6849.40	28.06	甘肃	11987	2584.47	35.89
福建	12370	4006.74	13.91	青海	10143	482.76	18.77
江西	15038	5209.00	28.16	宁夏	11618	626.05	19.76
山东	11350	9435.96	13.87	全国	13322	143028.30	19.16

从家务劳动经济价值与 GDP 之比来看, 黑龙江、甘肃、云南 3 个地区家务劳动贡献的经济价值占 GDP 的比重超过 1/3, 江西、安徽、山西、四川和贵州 5 个地区占 GDP 的比重超过 1/4, 湖南、广西、河南、河北 4 个地区占 GDP 的比重超过 1/5,

宁夏、青海、陕西、海南、辽宁、湖北和重庆 7 个地区占 GDP 的比重超过 1/6，其余 10 个地区占 GDP 的比重低于 1/6。

4.2.3　行业替代成本法

使用 2017 年 CGPiS 中工作日家务劳动的平均时间，乘以 2016 年居民服务和其他服务业城镇单位就业人员平均工资，住宿和餐饮业城镇单位就业人员平均工资，卫生、社会保障和社会福利业城镇单位就业人员平均工资的平均数计算的每小时工资，乘以 250 天，计算得出年人均家务劳动经济价值；用年人均家务劳动经济价值乘以适龄人口数，得到家务劳动的总经济价值。

表 4-8 列出了行业替代成本法使用的家务劳动的小时工资标准 W_i。从行业替代成本法的工资标准来看，北京市的小时工资居于首位，为 42.46 元/小时；上海市的小时工资居于第二位，为 41.40 元/小时；浙江、天津、江苏、广东的小时工资居于第 3~6 位，依次为 36.83 元/小时、33.42 元/小时、32.52 元/小时、31.68 元/小时；福建、重庆、四川、山东、黑龙江、湖南、江西、海南、贵州、湖北、安徽 11 个省份的家务劳动工资标准均大于 25 元/小时。甘肃、河南、陕西、吉林、河北、山西的小时工资居于最后 6 位，家务劳动的小时工资依次为 22.56 元/小时、22.41 元/小时、22.37 元/小时、21.71 元/小时、21.43 元/小时、19.35 元/小时。

表 4-9 列示了以行业替代成本法估算得到的工作日家务劳动的年人均经济价值和总经济价值。工作日家务劳动的年人均经济价值为 15959 元，总经济价值约为 171428.57 亿元，占 GDP 的 22.97%。

从地区看，广东的家务劳动总经济价值居于首位，约为13918.64亿元；江苏、山东、四川、河南居于第2~5位，家务劳动总经济价值依次为12767.28亿元、11689.08亿元、10568.04亿元、10212.51亿元；湖南、浙江、河北、安徽、湖北居于第6~10位，家务劳动总经济价值依次为9152.45亿元、8379.87亿元、7740.93亿元、7739.69亿元、6913.09亿元；内蒙古、吉林、天津、海南、宁夏、青海居于最后6位，家务劳动的总经济价值依次为2940.95亿元、2889.85亿元、2763.23亿元、932.32亿元、753.17亿元、616.68亿元。

表4-8 工资标准

单位：元

地区	住宿和餐饮业城镇单位就业人员平均工资	居民服务和其他服务业城镇单位就业人员平均工资	卫生、社会保障和社会福利业城镇单位就业人员平均工资	小时工资
北京	54814	52025	147903	42.46
天津	43403	41777	115367	33.42
河北	34357	35634	58566	21.43
山西	28630	36307	51145	19.35
内蒙古	37499	38082	68009	23.93
辽宁	38871	39022	62230	23.35
吉林	34173	32797	63307	21.71
黑龙江	44807	55411	62122	27.06
上海	56933	66280	125181	41.40
江苏	45013	57905	92202	32.52
浙江	45713	58157	117116	36.83
安徽	34897	44353	71104	25.06
福建	39434	48040	87997	29.25
江西	35880	51631	70701	26.37

续表

地区	住宿和餐饮业城镇单位就业人员平均工资	居民服务和其他服务业城镇单位就业人员平均工资	卫生、社会保障和社会福利业城镇单位就业人员平均工资	小时工资
山东	42496	44511	78411	27.57
河南	36591	36848	61045	22.41
湖北	38323	43921	69692	25.32
湖南	36919	45946	77796	26.78
广东	46149	49297	94663	31.68
广西	31884	45729	71529	24.86
海南	42978	39352	74765	26.18
重庆	37457	46015	87162	28.44
四川	38381	47806	82150	28.06
贵州	40505	38246	73553	25.38
云南	33832	38581	71550	23.99
陕西	34293	38405	61509	22.37
甘肃	34914	38823	61593	22.56
青海	41809	37917	65582	24.22
宁夏	37149	41492	71110	24.96
全国	43382	47577	80026	28.50

资料来源：国家统计局网站。

从家务劳动总经济价值与 GDP 之比看，甘肃、云南 2 个地区家务劳动贡献的经济价值占 GDP 的比重超过 40%，黑龙江、贵州、四川、安徽 4 个地区家务劳动贡献的经济价值占 GDP 的比重超过 30%，河北、山西、辽宁、江西、河南、湖北、湖南、广西、海南、重庆、陕西、青海、宁夏 13 个地区家务劳动贡献的经济价值占 GDP 的比重超过 20%，北京、天津、内蒙古、吉林、上海、江苏、浙江、福建、山东、广东 10 个地区家务劳动贡献的经济价值占 GDP 的比重超过 15%。

表 4-9　家务劳动的经济价值-行业替代成本法

地区	人均价值（元）	总价值（亿元）	总价值与GDP之比（%）	地区	人均价值（元）	总价值（亿元）	总价值与GDP之比（%）
北京	24943	4861.74	18.94	河南	13617	10212.51	25.23
天津	19637	2763.23	15.45	湖北	13864	6913.09	21.16
河北	12749	7740.93	24.14	湖南	16468	9152.45	29.01
山西	12479	3884.44	29.76	广东	15288	13918.64	17.21
内蒙古	13462	2940.95	16.22	广西	12739	4802.43	26.22
辽宁	13078	5116.64	23.00	海南	12633	932.32	23.00
吉林	12105	2889.85	19.56	重庆	14717	3792.75	21.38
黑龙江	16910	5721.13	37.18	四川	15220	10568.04	32.09
上海	24839	5429.91	19.27	贵州	14850	4103.40	34.84
江苏	18455	12767.28	16.50	云南	15596	6142.48	41.54
浙江	17311	8379.87	17.73	陕西	13421	4393.94	22.65
安徽	15161	7739.69	31.71	甘肃	13928	3003.00	41.71
福建	15061	4878.34	16.93	青海	12957	616.68	23.97
江西	15360	5320.62	28.76	宁夏	13977	753.17	23.77
山东	14061	11689.08	17.18	全国	15959	171428.57	22.97

4.2.4　最低小时工资法

这里我们使用人力资源和社会保障部公布的 2016 年最低小时工资为工作日家务劳动赋值。计算方法仍然是使用 2016 年 CGPiS 中工作日家务劳动的平均时间，乘以最低小时工资，乘以 250 天，计算得出年人均家务劳动经济价值；用年人均家务劳动经济价值乘以对应的人口数，得到家务劳动的总经济价值。

表 4-10 列出了最低小时工资法使用的家务劳动的小时工资标准 W_i。从最低小时工资标准来看，北京的小时工资居于首位，为 21 元/小时；天津、上海、广东的小时工资居于第 2~4 位，

依次为 19.5 元/小时、19 元/小时、18.3 元/小时；山西、山东、河北、浙江和贵州 5 个地区的家务劳动工资标准均大于或等于 17 元/小时，居于第 5~9 位；吉林、湖南、广西、内蒙古、青海、海南居于最后 6 位，家务劳动工资标准均小于 14 元/小时。

表 4-10　工资标准

单位：元

地区	最低小时工资	地区	最低小时工资
北京	21.0	河南	15.0
天津	19.5	湖北	16.0
河北	17.0	湖南	13.5
山西	17.7	广东	18.3
内蒙古	13.3	广西	13.5
辽宁	15.0	海南	12.6
吉林	13.5	重庆	15.0
黑龙江	14.2	四川	15.7
上海	19.0	贵州	17.0
江苏	15.5	云南	14.0
浙江	17.0	陕西	14.8
安徽	16.0	甘肃	15.5
福建	16.0	青海	12.9
江西	15.3	宁夏	14.0
山东	17.1		

资料来源：人力资源和社会保障部网站。

表 4-11 按性别和年龄列出了以最低小时工资法估算得到的工作日家务劳动的年人均经济价值和总经济价值。工作日家务劳动的年人均价值为 8928 元，总价值约为 100706.69 亿元，占 GDP 的 13.49%。

从地区看，广东的家务劳动总经济价值居于首位，约为

8038.90 亿元；山东、河南、河北、江苏居于第 2~5 位，家务劳动总经济价值依次为 7250.12 亿元、6834.47 亿元、6141.83 亿元、6085.26 亿元；四川、安徽、湖南、湖北居于第 6~9 位，家务劳动总经济价值依次为 5913.79 亿元、4941.74 亿元、4614.36 亿元、4368.00 亿元；山西、辽宁、黑龙江、浙江、江西、云南 6 个地区的家务劳动总经济价值均大于 3000 亿元；吉林、内蒙古、天津、海南、宁夏、青海居于最后 6 位，家务劳动的经济价值依次为 1796.77 亿元、1634.43 亿元、1612.08 亿元、448.67 亿元、422.47 亿元、328.48 亿元。

从家务劳动经济价值与 GDP 之比看，甘肃、山西、云南、贵州、安徽 5 个地区家务劳动贡献的经济价值占 GDP 的比重超过 20%，河北、黑龙江、江西、河南、四川 5 个地区家务劳动贡献的经济价值占 GDP 的比重超过 15%，辽宁、吉林、山东、湖北、湖南、广西、海南、重庆、陕西、青海、宁夏 11 各地区家务劳动贡献的经济价值占 GDP 的比重超过 10%，其余 8 个地区的家务劳动贡献的经济价值占 GDP 的比重超过 7%。

表 4-11　家务劳动的经济价值－最低小时工资法

地区	人均价值（元）	总价值（亿元）	总价值与 GDP 之比（%）	地区	人均价值（元）	总价值（亿元）	总价值与 GDP 之比（%）
北京	12338	2404.70	9.37	河南	9113	6834.47	16.89
天津	11456	1612.08	9.01	湖北	8760	4368.00	13.37
河北	10115	6141.83	19.15	湖南	8303	4614.36	14.62
山西	11417	3553.76	27.23	广东	8830	8038.90	9.94
内蒙古	7481	1634.43	9.02	广西	6919	2608.23	14.24
辽宁	8400	3286.38	14.77	海南	6080	448.67	11.07
吉林	7526	1796.77	12.16	重庆	7763	2000.46	11.28

续表

地区	人均价值（元）	总价值（亿元）	总价值与GDP之比（%）	地区	人均价值（元）	总价值（亿元）	总价值与GDP之比（%）
黑龙江	8875	3002.59	19.51	四川	8517	5913.79	17.96
上海	11400	2492.05	8.84	贵州	9945	2748.10	23.34
江苏	8796	6085.26	7.86	云南	9100	3584.04	24.24
浙江	7990	3867.88	8.19	陕西	8880	2907.31	14.99
安徽	9680	4941.74	20.25	甘肃	9571	2063.69	28.66
福建	8240	2668.94	9.26	青海	6902	328.48	12.77
江西	8912	3087.20	16.69	宁夏	7840	422.47	13.33
山东	8721	7250.12	10.66	全国	8928	100706.69	13.49

第5章　中国家务劳动经济价值测度的差异研究

5.1　家务劳动经济价值测度的城乡差异

5.1.1　家务劳动时间的城乡差异

表5-1分别列出了城镇和农村工作日家务劳动平均时间。从全国来看，农村地区的人均家务劳动时间高于城镇地区。从城镇地区看，黑龙江的城镇人均家务劳动时间最长，为2.56小时；山西、河南、上海、云南、天津的城镇人均家务劳动时间依次位于第2~6位，分别为2.46小时、2.44小时、2.41小时、2.34小时和2.34小时；湖南、安徽、北京、陕西、江西、河北的城镇人均家务劳动时间依次位于第7~12位，分别为2.33小时、2.33小时、2.31小时、2.30小时、2.27小时和2.26小时。贵州、青海、海南、浙江、广东的城镇人均家务劳动时间依次位于最后5位，分别为1.89小时、1.89小时、1.84小时、1.83小时和1.80小时。

从农村地区看，北京、甘肃、云南的农村人均家务劳动时间依次位于第1~3位，分别为2.85小时、2.84小时和2.83小时；山西、贵州、湖南、陕西、河北的农村人均家务劳动时间依次位于第4~8位，分别为2.72小时、2.71小时、2.68小时、

2.68 小时和 2.59 小时；福建、海南、浙江、上海、山东的农村人均家务劳动时间依次位于最后 5 位，分别为 2.10 小时、2.09 小时、2.01 小时、2.00 小时和 1.97 小时。其中，有四个地区比较特殊，上海、黑龙江、山东和河南的农村人均家务劳动时间低于城镇家务劳动人均时间。

表 5-1　各地区城镇和农村工作日家务劳动的平均时间

单位：小时

地区	城镇	农村	地区	城镇	农村
北京	2.31	2.85	河南	2.44	2.41
天津	2.34	2.45	湖北	2.09	2.38
河北	2.26	2.59	湖南	2.33	2.68
山西	2.46	2.72	广东	1.80	2.35
内蒙古	2.20	2.31	广西	2.01	2.12
辽宁	2.21	2.34	海南	1.84	2.09
吉林	2.17	2.31	重庆	2.01	2.22
黑龙江	2.56	2.33	四川	1.94	2.56
上海	2.41	2.00	贵州	1.89	2.71
江苏	2.18	2.55	云南	2.34	2.83
浙江	1.83	2.01	陕西	2.30	2.68
安徽	2.33	2.51	甘肃	2.22	2.84
福建	2.03	2.10	青海	1.89	2.53
江西	2.27	2.42	宁夏	2.02	2.55
山东	2.08	1.97	全国	2.15	2.42

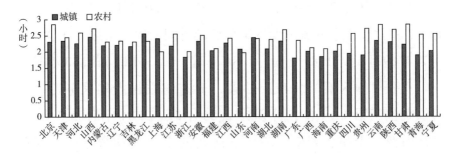

图 5-1　家务劳动平均时间的城乡差异

5.1.2 家务劳动经济价值的城乡差异

表5-2分别列出了用机会成本法、综合替代成本法、行业替代成本法和最低小时工资法这4种方法计算的城镇和农村的家务劳动经济价值。从机会成本法来看，城镇地区家务劳动共创造了116785.77亿元的经济价值，农村地区共创造了86347.85亿元的经济价值；从综合替代成本法来看，城镇地区共创造了82151.98亿元的经济价值，农村地区共创造了62150.23亿元的经济价值；从行业替代成本法来看，城镇地区共创造了99108.31亿元的经济价值，农村地区共创造了73789.35亿元的经济价值；从最低小时工资法来看，城镇地区共创造了57423.20亿元的经济价值，农村地区共创造了44146.88亿元的经济价值。

表5-2 各地区城镇和农村家务劳动总经济价值

单位：亿元

地区	机会成本法		综合替代成本法		行业替代成本法		最低小时工资法	
	城镇	农村	城镇	农村	城镇	农村	城镇	农村
北京	5779.82	1143.35	2507.30	495.99	4092.35	809.54	2024.15	400.41
天津	2936.66	604.12	1421.52	292.43	2274.64	467.93	1327.03	272.99
河北	5128.57	5034.21	3302.70	3241.93	3971.72	3898.64	3151.25	3093.27
山西	2865.59	2522.46	1937.27	1705.30	2064.64	1817.41	1888.88	1662.70
内蒙古	2239.91	1522.95	1396.83	949.73	1755.61	1193.66	975.68	663.38
辽宁	4081.41	2088.86	2843.25	1455.17	3403.25	1741.78	2185.89	1118.73
吉林	2049.89	1684.94	1198.44	985.08	1586.83	1304.32	986.61	810.96
黑龙江	3418.00	2107.61	3611.99	2227.23	3527.40	2175.07	1851.26	1141.53
上海	6921.91	809.78	3825.28	447.51	4778.59	559.04	2193.13	256.57
江苏	9115.09	5081.30	7374.31	4110.89	8282.97	4617.42	3947.91	2200.80

地区	机会成本法		综合替代成本法		行业替代成本法		最低小时工资法	
	城镇	农村	城镇	农村	城镇	农村	城镇	农村
浙江	5448.86	2980.64	4321.65	2364.04	5473.83	2994.30	2526.54	1382.07
安徽	4675.46	4437.86	3508.69	3330.39	3964.75	3763.27	2531.47	2402.82
福建	3161.06	1879.56	2450.38	1456.99	2983.42	1773.93	1632.22	970.52
江西	3114.54	2822.48	2864.59	2595.97	2925.97	2651.59	1697.75	1538.55
山东	7922.85	5219.57	5638.94	3714.93	6985.41	4601.98	4332.68	2854.37
河南	5652.08	5677.84	4207.00	4226.18	5118.09	5141.42	3425.15	3440.77
湖北	4578.14	3640.33	3360.74	2672.31	3875.27	3081.45	2448.57	1947.00
湖南	5096.22	5025.88	4020.38	3964.89	4686.07	4621.39	2362.56	2329.95
广东	10562.36	5666.81	7199.25	3862.46	9254.39	4965.07	5345.00	2867.64
广西	2729.42	2957.24	2156.50	2336.49	2344.42	2540.10	1273.27	1379.55
海南	597.56	506.80	381.35	323.43	507.45	430.39	244.21	207.12
重庆	2687.67	1718.92	1886.84	1206.75	2332.28	1491.63	1230.15	786.75
四川	5353.84	7138.83	4003.78	5338.66	4699.44	6266.25	2629.77	3506.54
贵州	1971.14	3377.58	1137.44	1949.02	1509.84	2587.14	1011.16	1732.64
云南	3108.22	4450.67	1983.76	2840.55	2467.43	3533.12	1439.70	2061.52
陕西	3092.58	2883.97	1991.56	1857.21	2319.85	2163.36	1534.96	1431.42
甘肃	1578.00	2411.26	1064.05	1625.92	1236.36	1889.22	849.64	1298.29
青海	399.19	467.76	227.31	266.35	290.37	340.24	154.67	181.24
宁夏	519.73	484.29	328.88	306.45	395.66	368.68	221.94	206.80
全国	116785.77	86347.85	82151.98	62150.23	99108.31	73789.35	57423.20	44146.88

从城镇地区的家务劳动经济价值来看，按机会成本法计算，广东、江苏、山东、上海、北京依次居于第1~5位，河南、浙江、四川、河北、湖南依次居于第6~10位，安徽、湖北、辽宁、黑龙江、福建依次居于第11~15位，江西、云南、陕西、天津、山西居于第16~20位，广西、重庆、内蒙古、吉林、贵州、甘肃、海南、宁夏、青海位于最后9位。

从农村地区家务劳动经济价值来看，按机会成本法计算，四川、河南、广东、山东、江苏创造的家务劳动经济价值依次居于第 1~5 位，河北、湖南、云南、安徽、湖北依次居于第 6~10 位，贵州、浙江、广西、陕西、江西依次居于第 11~15 位，山西、甘肃、黑龙江、辽宁、福建依次居于第 16~20 位，重庆、吉林、内蒙古、北京、上海、天津、海南、宁夏、青海居于最后 9 位。

从城乡差距来看，按机会成本法计算，上海、广东、北京、江苏、山东、浙江、天津、辽宁、黑龙江、福建、重庆、湖北、内蒙古、吉林、山西、江西、安徽、陕西、河北、海南、湖南、宁夏的城镇地区家务劳动经济价值高于农村地区家务劳动经济价值；河南、青海、广西、甘肃、云南、贵州、四川的城镇地区家务劳动经济价值低于农村地区家务劳动经济价值。

5.2　家务劳动经济价值测度的性别差异

5.2.1　家务劳动时间的性别差异

表 5-3、图 5-2 分别列出了各地区男性和女性工作日的家务劳动平均时间。从全国来看，女性的家务劳动平均时间高于男性。全国男性人均家务劳动时间为 1.62 时/天，其中，云南、甘肃、上海、湖南、四川男性从事家务劳动的时间较长，依次居于第 1~5 位，而广东、内蒙古、山东、福建、浙江的男性家务劳动时间则偏低，依次居于第 25~29 位。

表 5-3　分性别的工作日家务劳动的平均时间

单位：小时

地区	男	女	地区	男	女
北京	1.56	2.86	河南	1.67	3.21
天津	1.60	2.93	湖北	1.60	2.83

续表

地区	男	女	地区	男	女
河北	1.50	3.12	湖南	1.84	3.03
山西	1.80	3.30	广东	1.38	2.54
内蒙古	1.36	3.00	广西	1.64	2.59
辽宁	1.54	2.79	海南	1.55	2.67
吉林	1.48	2.97	重庆	1.65	2.56
黑龙江	1.79	3.08	四川	1.82	2.57
上海	1.85	2.83	贵州	1.80	3.06
江苏	1.77	2.80	云南	2.38	2.88
浙江	1.21	2.56	陕西	1.71	3.09
安徽	1.71	3.24	甘肃	2.05	3.05
福建	1.35	2.99	青海	1.51	3.01
江西	1.62	3.08	宁夏	1.76	2.75
山东	1.36	2.71	全国	1.62	2.87

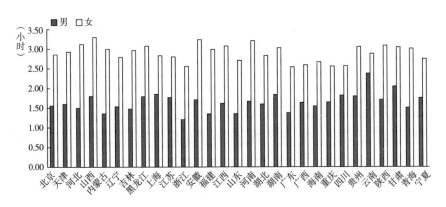

图 5-2　家务劳动时间的性别差异

全国女性人均家务劳动时间为 2.87 时/天，其中，山西、安徽、河南、河北、陕西、黑龙江、江西、贵州、甘肃、湖南、青海、内蒙古 12 个省份女性从事家务劳动的时间均大于或等于

3时/天，而广西、四川、重庆、浙江、广东的女性家务劳动时间则偏低，依次居于最后5位。

从性别差异来看，福建、内蒙古、河北、河南、安徽的家务劳动时间差距大，依次居于前5位；而上海、广西、重庆、四川、云南的差距较小，依次居于最后5位。

5.2.2 家务劳动经济价值的性别差异

表5-4分别列出了采用机会成本法、综合替代成本法、行业替代成本法和最低小时工资法4种方法计算的分性别的家务劳动经济价值。从机会成本法来看，男性共创造了74190.34亿元的经济价值，女性共创造了126887.51亿元的经济价值；从综合替代成本法来看，男性共创造了52715.28亿元的经济价值，女性共创造了90332.78亿元的经济价值；从行业替代成本法来看，男性共创造了63093.27亿元的经济价值，女性共创造了108184.23亿元的经济价值；从最低小时工资法来看，男性共创造了36915.73亿元的经济价值，女性共创造了63693.83亿元的经济价值。

表5-4 家务劳动总经济价值的性别差异

单位：亿元

地区	机会成本法		综合替代成本法		行业替代成本法		最低小时工资法	
	男	女	男	女	男	女	男	女
北京	2317.98	4053.69	1005.54	1758.50	1641.23	2870.18	811.78	1419.64
天津	1284.95	2046.50	622.00	990.63	995.28	1585.15	580.65	924.78
河北	3190.50	6508.30	2054.62	4191.21	2470.82	5040.22	1960.40	3999.03
山西	1926.42	3372.65	1302.35	2280.06	1387.97	2429.96	1269.82	2223.10
内蒙古	1151.48	2492.25	718.07	1554.19	902.51	1953.38	501.57	1085.59

地区	机会成本法		综合替代成本法		行业替代成本法		最低小时工资法	
	男	女	男	女	男	女	男	女
辽宁	2126.06	3791.35	1481.09	2641.19	1772.80	3161.39	1138.66	2030.54
吉林	1250.49	2462.54	731.08	1439.69	968.01	1906.26	601.86	1185.22
黑龙江	2019.78	3422.93	2134.42	3617.20	2084.43	3532.49	1093.96	1853.94
上海	3107.41	4520.57	1717.25	2498.22	2145.22	3120.81	984.55	1432.29
江苏	5428.73	8699.09	4391.97	7037.76	4933.14	7904.95	2351.28	3767.73
浙江	2795.73	5503.76	2217.38	4365.19	2808.54	5528.98	1296.33	2552.00
安徽	3264.36	6044.94	2449.74	4536.42	2768.15	5126.06	1767.45	3272.95
福建	1658.41	3658.99	1285.56	2836.36	1565.22	3453.37	856.33	1889.33
江西	2090.91	3842.82	1923.11	3534.43	1964.32	3610.16	1139.77	2094.74
山东	4403.18	8728.79	3133.88	6212.56	3882.19	7695.99	2407.92	4773.41
河南	3874.39	7551.14	2883.82	5620.53	3508.36	6837.74	2347.88	4575.99
湖北	3028.30	5171.43	2223.03	3796.27	2563.38	4377.48	1619.66	2765.89
湖南	3775.57	6092.13	2978.53	4806.05	3471.71	5601.83	1750.32	2824.26
广东	6010.67	9966.52	4096.84	6793.12	5266.35	8732.34	3041.65	5043.48
广西	2320.20	3465.65	1833.18	2738.18	1992.93	2976.80	1082.37	1616.72
海南	459.40	723.20	293.18	461.53	390.13	614.15	187.74	295.55
重庆	1749.43	2691.01	1228.17	1889.19	1518.11	2335.18	800.72	1231.68
四川	4994.04	7207.15	3734.71	5389.75	4383.62	6326.22	2453.04	3540.10
贵州	2099.68	3435.70	1211.61	1982.56	1608.30	2631.66	1077.10	1762.46
云南	3476.63	4147.78	2218.89	2647.24	2759.89	3292.68	1610.35	1921.22
陕西	2073.73	3732.72	1335.44	2403.80	1555.57	2800.04	1029.27	1852.69
甘肃	1600.42	2376.42	1079.17	1602.43	1253.93	1861.92	861.71	1279.53
青海	308.54	577.22	175.69	328.68	224.43	419.86	119.55	223.64
宁夏	402.91	600.28	254.95	379.85	306.72	456.98	172.05	256.33
全国	74190.34	126887.51	52715.28	90332.78	63093.27	108184.23	36915.73	63693.83

从男性家务劳动经济价值来看，按综合替代成本法计算，江苏、广东、四川、山东、湖南的男性贡献的家务劳动经济价值依次居于第1~5位，河南、安徽、湖北、云南、浙江依次居

于第 6~10 位，黑龙江、河北、江西、广西、上海依次居于第
11~15 位，辽宁、陕西、山西、福建、重庆居于第 16~20 位，
贵州、甘肃、北京、吉林、内蒙古、天津、海南、宁夏、青海
位于最后 9 位。

从女性家务劳动经济价值来看，按综合替代成本法计算，江
苏、广东、山东、河南、四川的女性家务劳动价值依次位于第 1~
5 位，湖南、安徽、浙江、河北、湖北依次居于第 6~10 位，黑龙
江、江西、福建、广西、云南依次位于第 11~15 位，辽宁、上
海、陕西、山西、贵州依次位于第 16~20 位，重庆、北京、甘
肃、内蒙古、吉林、天津、海南、宁夏、青海居于最后 9 位。

从家务劳动经济价值的性别差异来看，按综合替代成本法
计算，山东、河南、广东、江苏、浙江的性别差距较大，依次
居于第 1~5 位，河北、安徽、湖南、四川、江西依次居于第 6~
10 位，湖北、福建、黑龙江、辽宁、陕西的性别差距依次居于
第 11~15 位，山西、广西、内蒙古、上海、贵州依次居于第
16~20 位，北京、吉林、重庆、甘肃、云南、天津、海南、青
海、宁夏的性别差距相对较小，依次居于最后 9 位。

5.3　家务劳动经济价值测度的年龄差异

5.3.1　家务劳动时间的年龄差异

表 5-5 及图 5-3 列出了不同年龄群体的工作日家务劳动平
均时间。从全国来看，65 岁及以上的老龄人口人均家务劳动时
间高于 15~64 岁的人口。全国 15~64 岁人口的人均家务劳动时
间为 2.12 小时。其中，山西 15~64 岁人口的人均家务劳动时间
居于首位，为 2.59 小时；云南、黑龙江、甘肃、河南、安徽居

于第 2~6 位，家务劳动时间依次为 2.53 小时、2.43 小时、2.41 小时、2.34 小时、2.33 小时；而福建、广西、山东、广东、浙江的 15~64 岁人口的人均家务劳动时间居于最后 5 位，依次为 1.95 小时、1.92 小时、1.91 小时、1.80 小时和 1.73 小时。

全国 65 岁及以上的老龄人口人均家务劳动时间为 2.57 小时。其中，北京、湖南、云南、上海、宁夏的老龄人口人均家务劳动时间居于第 1~5 位，均大于 2.80 小时；而吉林、浙江、重庆、海南居于最后 4 位，家务劳动时间依次为 2.34 小时、2.27 小时、2.22 小时和 1.73 小时。

从年龄差异来看，广东、宁夏、北京、上海、浙江、四川、山东、广西、福建、青海、天津、湖南、贵州、陕西高于全国的平均水平，而湖北、江苏、河北、辽宁、河南、安徽、黑龙江、甘肃、江西、云南、重庆、内蒙古、吉林、山西、海南低于全国平均水平。尤其是山西和海南，15~64 岁人口的家务劳动时间大于 65 岁以上老龄人口的人均家务劳动时间。

表 5-5　分年龄的工作日家务劳动平均时间

单位：小时

地区	15~64 岁	65 岁及以上	地区	15~64 岁	65 岁及以上
北京	2.13	2.87	河南	2.34	2.70
天津	2.17	2.68	湖北	2.08	2.50
河北	2.28	2.67	湖南	2.31	2.85
山西	2.59	2.57	广东	1.80	2.49
内蒙古	2.18	2.41	广西	1.92	2.42
辽宁	2.15	2.51	海南	1.97	1.73
吉林	2.20	2.34	重庆	1.99	2.22
黑龙江	2.43	2.73	四川	2.02	2.59
上海	2.15	2.83	贵州	2.21	2.69
江苏	2.21	2.59	云南	2.53	2.83

续表

地区	15~64 岁	65 岁及以上	地区	15~64 岁	65 岁及以上
浙江	1.73	2.27	陕西	2.28	2.75
安徽	2.33	2.62	甘肃	2.41	2.70
福建	1.95	2.44	青海	2.08	2.58
江西	2.26	2.53	宁夏	2.07	2.83
山东	1.91	2.41	全国	2.12	2.57

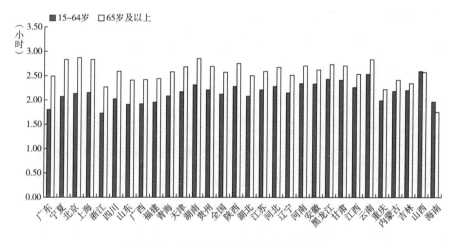

图 5-3　家务劳动时间的年龄差异

5.3.2　家务劳动经济价值的年龄差异

　　表 5-6 分别列出了采用机会成本法、综合替代成本法、行业替代成本法和最低小时工资法 4 种方法计算的分年龄的家务劳动经济价值。从机会成本法来看，15～64 岁人口共创造了 166279.82 亿元的经济价值，65 岁及以上老龄人口共创造了 30357.90 亿元的经济价值；从综合替代成本法来看，15～64 岁人口共创造了 118198.55 亿元的经济价值，65 岁及以上老龄人口共创造了 21654.67 亿元的经济价值；从行业替代成本法来

看，15~64 岁人口共创造了 141502.71 亿元的经济价值，65 岁及以上老龄人口共创造了 25924.12 亿元的经济价值；从最低小时工资法来看，15~64 岁人口共创造了 83354.04 亿元的经济价值，65 岁及以上老龄人口共创造了 15078.97 亿元的经济价值。

从 15~64 岁人口的家务劳动经济价值来看，按机会成本法计算，广东、江苏、山东、河南、四川的 15~64 岁人口贡献的家务劳动经济价值依次居于第 1~5 位，河北、湖南、安徽、浙江、湖北依次居于第 6~10 位，云南、上海、北京、江西、辽宁依次居于第 11~15 位，山西、陕西、黑龙江、广西、贵州居于第 16~20 位，福建、重庆、甘肃、内蒙古、吉林、天津、海南、宁夏、青海位于最后 9 位。

从 65 岁及以上的老龄人口家务劳动经济价值来看，按机会成本法计算，江苏、四川、山东、广东、湖南的 65 岁及以上的老龄人口家务劳动经济价值依次居于第 1~5 位，河南、河北、安徽、浙江、上海依次居于第 6~10 位，湖北、北京、辽宁、云南、陕西依次居于第 11~15 位，广西、黑龙江、江西、重庆、贵州依次居于第 16~20 位，福建、山西、天津、甘肃、吉林、内蒙古、宁夏、海南、青海居于最后 9 位。

从家务劳动经济价值的年龄差异来看，按机会成本法计算，广东、江苏、山东、河南、四川的年龄差距较大，依次居于第 1~5 位，河北、湖南、安徽、云南、湖北依次居于第 6~10 位，浙江、上海、山西、北京、江西的家务劳动经济价值年龄差距依次居于第 11~15 位，辽宁、陕西、黑龙江、广西、贵州依次居于第 16~20 位，福建、内蒙古、甘肃、吉林、重庆、天津、海南、宁夏、青海的家务劳动经济价值年龄差距相对较小，依次居于最后 9 位。

表 5-6　不同年龄群体的家务劳动总经济价值

单位：亿元

地区	机会成本法		综合替代成本法		行业替代成本法		最低小时工资法	
	15～64岁	65岁及以上	15～64岁	65岁及以上	15～64岁	65岁及以上	15～64岁	65岁及以上
北京	5369.24	1097.75	2329.19	476.20	3801.64	777.25	1880.36	384.44
天津	2842.71	513.02	1376.05	248.33	2201.87	397.37	1284.58	231.83
河北	8320.58	1504.85	5358.29	969.09	6443.71	1165.40	5112.58	924.66
山西	4862.00	552.42	3286.93	373.46	3503.03	398.02	3204.82	364.13
内蒙古	3260.97	437.58	2033.57	272.88	2555.90	342.97	1420.44	190.60
辽宁	5018.12	1017.49	3495.80	708.82	4184.32	848.42	2687.56	544.94
吉林	3225.21	486.66	1885.58	284.52	2496.65	376.72	1552.30	234.23
黑龙江	4720.18	811.49	4988.08	857.54	4871.27	837.46	2556.56	439.52
上海	6034.51	1330.97	3334.87	735.54	4165.97	918.84	1911.96	421.70
江苏	11508.16	2503.18	9310.37	2025.13	10457.58	2274.66	4984.40	1084.17
浙江	6684.99	1353.28	5302.06	1073.33	6715.62	1359.49	3099.72	627.49
安徽	7572.12	1375.17	5682.48	1031.99	6421.09	1166.13	4099.82	744.57
福建	4199.36	728.56	3255.24	564.76	3963.37	687.61	2168.35	376.19
江西	5037.84	782.34	4633.55	719.55	4732.83	734.97	2746.15	426.45
山东	10605.38	2183.54	7548.19	1554.09	9350.54	1925.18	5799.64	1194.09
河南	9542.42	1604.72	7102.70	1194.44	8640.90	1453.12	5782.70	972.46
湖北	6677.90	1273.59	4902.14	934.92	5652.66	1078.06	3571.60	681.17
湖南	8020.42	1682.93	6327.27	1327.66	7374.93	1547.49	3718.20	780.19
广东	13525.88	1904.87	9219.16	1298.35	11850.93	1668.99	6844.66	963.94
广西	4633.87	821.07	3661.19	648.73	3980.24	705.26	2161.69	383.03
海南	1002.62	100.87	639.85	64.37	851.44	85.66	409.74	41.22
重庆	3507.66	774.33	2462.51	543.61	3043.84	671.94	1605.46	354.41
四川	9380.88	2341.93	7015.34	1751.37	8234.26	2055.68	4607.82	1150.34
贵州	4432.86	762.48	2557.96	439.99	3395.45	584.04	2273.98	391.14
云南	6575.54	854.50	4196.71	545.37	5219.93	678.34	3045.74	395.80
陕西	4823.24	839.69	3106.07	540.74	3618.07	629.88	2393.95	416.77
甘肃	3308.39	504.85	2230.86	340.42	2592.13	395.55	1781.33	271.83

地区	机会成本法		综合替代成本法		行业替代成本法		最低小时工资法	
	15~64岁	65岁及以上	15~64岁	65岁及以上	15~64岁	65岁及以上	15~64岁	65岁及以上
青海	749.98	91.93	427.05	52.35	545.53	66.87	290.58	35.62
宁夏	836.78	121.86	529.51	77.11	637.02	92.77	357.33	52.04
全国	166279.82	30357.90	118198.55	21654.67	141502.71	25924.12	83354.04	15078.97

5.4 家务劳动经济价值测度的特征差异——以北京市为例

本节对北京市家务劳动的适龄人口按年龄、性别进行了区分，测算了 2016 年不同年龄的男性和女性的工作日家务劳动的人均经济价值和总经济价值。同时，考虑到劳动力效率的异质性和城乡差距，我们采用了年龄工资调整法和城乡工资调整法来进行估算矫正。此外，本节还对 2008 年与 2016 年北京市工作日家务劳动的经济价值进行了比较，以了解家务劳动经济价值的变化趋势。

5.4.1 北京市家务劳动时间的性别年龄差异和城乡差异

近年来，对家务劳动性别分工的研究很多。以往研究认为，家务劳动仍然以女性为主，虽然在大多数工业国家，妇女的劳动参与率有显著提高，但男性对家务劳动的贡献却没有明显变化。最近，相关研究集中于家务劳动的分工主要受文化因素的影响。家务劳动分工的不平等与性别角色态度和性别模式相关，尤其文化特征和价值观是导致家务劳动分工不平等的重要因素，并且家务劳动中父母的角色直接影响子女成年成家后的家务劳动分工角色扮演，在双职工家庭中男女出生性别比高的地区男性成家后更倾向于让女性承担更多的家务劳动，家务劳动分工具有代际传递的特征。本部分主要分析了北京市工作日家务劳动时间的基本特征，研究北京市不同性别、不同年龄、城乡间家务劳动时长的差异性，并对传统的性别期望和文化背景是否影响男女对家务劳动的贡献展开初步探讨。

1. 性别年龄的差异性

本节为了有效地估计生产力如何随年龄或任何其他特征变化，考察了家务劳动时间随年龄的变化规律。我们按 10 岁组来划分年龄，分为 15～24 岁、25～34 岁、35～44 岁、45～54 岁、55～64 岁、65 岁及以上。表 5-7 按性别、年龄列出了工作日家务劳动平均时间、参与时间和参与率的数据。男性从事家务劳动的平均时间和参与时间为 1.54 小时和 2.13 小时，女性从事家务劳动的平均时间和参与时间为 2.83 小时和 3.09 小时，总的家务劳动平均时间和参与时间为 2.24 小时和 2.71 小时。

北京市的工作日家务劳动时间存在显著的年龄性别差异：女性从事家务劳动的平均时间、参与时间和参与率均高于同一年龄段的男性。女性从事家务劳动的平均时间比男性高 1.5 倍至 2.1 倍不等，家务劳动参与率的差异性更大，女性家务劳动的参与率能达到 92%，而男性只有 72%，性别差异仍然存在，女性为家务劳动贡献了很大一部分时间和精力。从事家务劳动的平均时间、参与时间和参与率随着年龄增加而同步增长，我们注意到 55 岁及以上人口家务劳动的参与率达到 90%，参与时间和平均时间基本上大于 3 小时，老年群体依然在家庭服务中贡献着自己体力资本的价值。

表 5-7　按性别年龄划分的 2016 年北京市家务劳动时间

2016 年北京	平均时间（小时）				参与时间（小时）				参与率（%）		
年龄	男	女	合计	女/男	男	女	合计	女/男	男	女	合计
15~24 岁	0.76	1.57	1.17	2.07	1.56	2.39	2.04	1.53	49	66	57
25~34 岁	1.12	1.92	1.53	1.71	1.69	2.36	2.07	1.40	66	82	74
35~44 岁	1.28	2.42	1.88	1.89	1.88	2.59	2.30	1.38	68	94	83
45~54 岁	1.48	3.00	2.32	2.03	2.04	3.17	2.74	1.55	73	95	85
55~64 岁	2.02	3.50	2.85	1.73	2.47	3.62	3.17	1.47	82	97	90
65 岁及以上	2.28	3.58	3.01	1.57	2.84	3.68	3.35	1.30	80	97	90
合计	1.54	2.83	2.24	1.84	2.13	3.09	2.71	1.45	72	92	83

资料来源：根据 CGPiS 数据测算与整理。

值得注意的是，家务劳动时间的性别差异依年龄而有所波动（见图 5-4），15~24 岁女性家务劳动的平均时间是男性的约 2 倍，25~34 岁降低为 1.71 倍，之后缓慢上升，直至 45~54 岁男女性别间的差距达到另一个高峰，55 岁后平均时间性别差异逐渐缩小，到 65 岁及以上女性家务劳动平均时间是男性的 1.57 倍。也就是说，大部分的家务劳动时间性别差异发生在最年轻组（15~24 岁）和中年组（45~54 岁），55 岁及以上的老年人性别差异缩减。这反映了年轻女性进入婚姻前帮助家庭做家务要比男性多，传统的女性做家务的价值观依旧根深蒂固。同时，数据也反映出老年人仍在发挥余热，他们虽然退出了市场劳动，但是依然活跃在非市场劳动中，老年人的家务劳动参与时长并没有比中年人更短，反而在延长。此外，男性 55 岁以后家务劳动时间明显增加，越来越多的老年男性投入家庭服务建设，愿意承担更多的家务劳动。

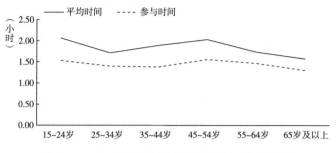

图 5-4　北京市家务劳动时间的年龄差异性

2. 城乡的差异性

表 5-8 显示了 2016 年、2008 年北京市工作日家务劳动时间的结果。对比北京市 2008 年与 2016 年的家务劳动时间，我们发现，几年间城乡的家务劳动总时间变化不大，呈现略有提升的趋势，推断可能由于照顾陪伴时间的增加合计家务劳动时间 2016 年高于 2008 年。分城乡来看，农村的家务劳动总时间略高于城市，2016 年农村家务劳动的总时间比城市多 0.26 小时；分性别来看，女性的家务劳动时间高于男性，2008 年女性比男性多做 2.06 小时的家务劳动，2016 年降低为 1.29 小时，但是男女的性别差异依旧存在。需要特别关注的是，家务劳动性别差异缩小的原因主要来自城市而非农村。在过去的几年中，城市男性从事家务劳动的时间大大延长，城市女性从事家务劳动的时间则大大减少，城市的家务劳动时间性别差异缩小至约 1.2 小时。城市女性就业率高，妻子的有偿劳动是"必需"的，城市男性开始愿意承担更多的家务责任，在夫妻分工中相较于传统做出让步。农村从事家务劳动时间的性别差距在几年间基本没有变动，性别差异依旧很大。中国农村男性中依然有大部分人认为家务是女性应该承担的责任，农村家务劳动分工的性别革命是被推迟的。

表 5-8　按地区、性别划分的 **2008** 年和 **2016** 年北京市
工作日家务劳动时间

单位：小时

年份	2016			2008		
性别	男	女	合计	男	女	合计
城市	1.56	2.75	2.21	0.98	3.23	2.12
农村	1.37	3.42	2.47	1.27	3.23	2.27
合计	1.54	2.83	2.24	1.17	3.23	2.22

资料来源：2016 年根据 CGPiS 数据进行测算与整理，2008 年根据国家统计局时间利用调查统计整理。

5.4.2　测算方法

本部分主要介绍家务劳动价值估算的基本方法、调整方法和测算的指标，明确了估算的技术路径。

1. 基本方法

在文献中，有两种衡量无酬家务劳动的基本方法："直接产出法"和"间接投入法"。"直接产出法"是通过直接观察价格来衡量产出，它采用的方法与用于评估市场生产的方法相同，即将产出的数量乘以市场上生产的相应商品的价格，但由于要求为每一项无偿家务劳动提供的服务确定市场价格，并提供具体的服务数量，估算常常面临数据缺失的难题。因此通常采用"间接投入法"来计算无酬家务劳动的经济价值。这些投入包括劳动力投入（时间使用）和物质资本的使用（家庭拥有的土地、住房和设备）。然而，在实践中，评估方法无法计算家庭在非市场生产中所使用物质资本的价值。因此，常以提供家务劳动所使用的体力资本来衡量经济贡献，即家务劳动的经济价值等于从事各种活动所花费的时间乘以相应的工资率。

投入法有两种应用较为广泛：机会成本法和替代成本法。机会成本法的思路是假定从事无报酬工作的人在劳动市场上从事有报酬工作，计算其所能获得的收入。对于有工作的个人来说，无酬家务劳动的机会成本等于他们的市场工资率。对于无工作的个体，机会成本通常通过"潜在工资"估算。替代成本法即假定家庭雇用他人做家务和照料工作，计算其工资成本。本章主要采用这两种测算方法计算，其中机会成本法使用北京市职工平均工资，替代成本法使用居民服务业和其他服务业城镇单位就业人员平均工资进行计算（行业替代成本法）。

2. 调整方法

由于机会成本法和替代成本法都是采用同一工资标准估计所有人群的工资，这种估算是否会低估或高估无报酬家务劳动的经济价值取决于家庭生产力和市场部门之间的关系。在此，考虑到个体的异质性，我们采用年龄工资调整法和城乡工资调整法进行适当补充。同时，为了估计家务劳动经济价值的下限，我们又采用最低小时工资法进行了计算，以便确定家务劳动经济价值的合理区间。

年龄工资调整法主要是考虑到劳动生产率年龄差异的存在，年龄会影响家务劳动的生产效率，不同年龄的家务劳动从事者并非完全同质的劳动力。家务劳动属于劳动密集型行业，中青年人从事这些工作时，劳动生产率比较高，进入老年后，体力、反应灵敏度下降，劳动生产率会逐年降低。因此，本书认为老年人口的劳动生产率和保留工资应该打一个折扣。不少文献估计了劳动生产率的年龄变化规律，通常认为生产率与年龄呈倒 U 形关系，工人的生产率在中年时达到顶峰，随后下降。安德鲁·梅森等2006 年利用国民转移账户计算了 1998 年中国台湾人均收入—消费经济生命周期模式，发现 55 岁以后人均收入将持续下降。魏下海等使用中国家庭营养与健康调查数据，将所有观测值的劳动收入和年龄分布绘制成总体的年龄—收入曲线，发现调查样本个人劳动收入呈现出倒 U 形曲线特征，观察到 55~65 岁人均收入下降了约 1/3。[①] Hellerstein J. 和 Neumark D. 发现，在他们抽样的美国制造企业中，工人的最高生产率是在工人的黄金年龄（35~45 岁）达到的，与年轻工人相比，年龄较大的工人（55 岁以上）的相对生产率为 0.79。[②] Ferreira 利用人口数据报告中每组全职工人的收入中位数和年龄绘制了 1950 年和 2010 年的个人生产力与年龄的关系图，发现 55~70 岁人口的劳动生产率下降了 20%~40%。[③] 因此，本章的年龄工资调整法是指将 55 岁以上老年人口的平均工资设定为职工平均工资的 60%~80%。

采用城乡工资调整法是由于城乡的经济水平和工资水平存在差距，为了使估计更加可靠，须合理评估城乡的差距。因此，本章中城市和农村采用不同的工资计算标准，城市使用城镇职工的平均工资计算小时收入，农村使用农、林、牧、渔业从业人员的年平均工资计算小时收入来进行矫正，以此来反映城乡经济水平和工资水平的差距。

3. 测算指标

第一步，测算小时工资。表 5-9 列出了具体的年均工资指标和小时工资指标。本章所计算的经济价值是非假期家务劳动，

---

① 魏下海、董志强、张建武：《人口年龄分布与中国居民、劳动收入变动研究》，《中国人口科学》2012 年第 3 期。

② Hellerstein J., Neumark D., Production Function and Wage Equation Estimation with Heterogeneous Labor Evidence from a New Matched Employer-Employee Data Set. NBER Working Paper, No. 10325, 2004.

③ Ferreira P. C., The Effect of Social Security, Demography and Technology on Retirement [J]. *Review of Economic Dynamics*, 2013, 16 (2).

也就是工作日的家务劳动时间，因此需要扣除节假日。假定每年 52 个星期，则周末共计 104 天。每年的国家法定假日是 11 天。因此每年的工作天数即 365 天减去 104 天减去 11 天等于 250 天。每小时工资用工资标准除以 2000（250 天计算，每天 8 小时工作制）计算得到。

表 5-9　估计工作日无酬家务劳动的小时工资

方法	工资标准（每年 250 天，每天工作 8 小时计算小时工资）	年平均工资（元）	平均小时工资（元）
机会成本法	职工平均工资	85038	42.52
行业替代成本法	居民服务和其他服务业城镇单位就业人员平均工资（元）	48613	24.31
年龄工资调整法	15~54 岁：职工平均工资	85038	42.52
	55 岁及以上：职工平均工资×0.6	51023	25.51
	55 岁及以上：职工平均工资×0.8	68030	34.02
2016 年城乡工资调整法	城市-职工平均工资	85038	42.52
	农村-农、林、牧、渔业平均工资	50797	25.40
2008 年城乡工资调整法	城市-职工平均工资	44715	22.36
	农村-农、林、牧、渔业平均工资	26114	13.06
最低小时工资法	最低小时工资		18.70

资料来源：《北京市人力资源和社会保障局、北京市统计局关于公布 2015 年度北京市职工平均工资的通知》、国家统计局网站、中华人民共和国人力资源和社会保障部 2015 年各地最低小时工资标准。

　　第二步，测算人口指标。为了与市场劳动力保持同步，本部分测算的是 15 周岁及以上的北京市常住人口。同时，因为要衡量女性和老年人的贡献，测量年龄性别差异的家务劳动经济价值，需要测算北京市按性别、年龄划分的人口数。2016 年北京市统计年鉴提供了分年龄段的常住人口数和所占比重，以及分性别的人口数和所占比重，却查询不到北京市 2015 年按年龄、性别划分的常住人口数。因此，在初步汇总各年龄阶段的人口数和不同性别人口数的基础上，本部分采用人口性别比对北京市 2015 年按性别、年龄划分的常住人口数量进行估算（见表 5-10），并在后续研究中用 2015 年数据近似替代 2016 年数据。具体方法是 2010 年第六次人口普查北京市 10~20 岁的人口性别比适用于 2015 年 15~24 岁的人口性别比，在此基础上测算 15~24 岁男性和女性人口数；北京市 20~30 岁的人口性别比适用于 2015 年 25~34 岁的人口性别比，依次类推，得到分年龄的男性和女性的人口数。表 5-11 列出了 2015 年、2008 年北京市 15 岁及以上分城乡的人口数，指标来自人口和就业统计年鉴。

表 5-10　2015 年北京市分年龄性别的人口数

单位：万人，%

年龄组	2015 年常住人口数	2015 年占总人口比重	男女性别比	男	女
15~24 岁	279.1	12.9	1.11	147.08	132.02
25~34 岁	487.3	22.4	1.07	251.94	235.36
35~44 岁	354.3	16.4	1.12	187.15	167.15
45~54 岁	340.0	15.7	1.13	180.70	159.30
55~64 岁	267.9	12.3	1.02	135.26	132.64
65 岁及以上	222.8	10.2	0.91	106.25	116.55
合计	1951.4	89.9	1.07	1008.38	943.02

资料来源：《北京市 2015 年国民经济和社会发展统计公报》、第六次人口普查数据。

表 5-11　北京市 15 岁及以上分城乡的人口数

单位：万人

地区	2015 年	2008 年
城市	1687.96	1303.05
农村	263.44	227.63
合计	1951.40	1530.68

资料来源：2016 年、2009 年《中国人口和就业统计年鉴》。

第三步，测算经济价值。本章分别测算北京市家务劳动的人均经济价值和总经济价值。估算总经济价值体现了家务劳动对整个社会生产生活的贡献，有助于提升对女性和老年人的合理全面评价水平。而估算人均经济价值更能体现不同群体间的差异性，参与家务劳动的男性与女性之间、不同年龄之间的差异一直很大。测算公式如下：

家务劳动的人均经济价值＝家务劳动平均时长 t×小时工资 w×250

家务劳动的总经济价值＝家务劳动平均时长 t×小时工资 w×（分年龄性别的人口数 p/分城乡的人口数 p）×250

5.4.3　测算结果

本节的目的是初步估计 2016 年北京市工作日无报酬的家务劳动的货币价值，并将其值与 GDP 指标进行比较。通过测度家务劳动的经济价值来评估女性和老年人对经济的潜在价值，衡量家务劳动创造的财富对国家福利的贡献。

1. 机会成本法

第一种方法是机会成本法。我们分别计算 2016 年北京市工作日家务劳动的人均经济价值和总经济价值。使用 2016 年 CGPiS 中工作日家务劳动分年龄性别的平均时间，乘以按职工平均工资计算的每小时工资，乘以 250 天，计算得出人均经济价值；用人均经济价值乘以对应年龄性别的人口数，得到家务劳动的总经济价值。表 5-12 按性别和年龄列出北京市工作日家务劳动的人均经济价值，还显示了整个年龄组的总经济价值。用机会成本法估算工作日家务劳动的人均经济价值为 23811 元，总经济价值约为 4646.52 亿元，占 GDP 的 20.19%。用机会成本法估算的工资往往偏高，因为预期的市场就业人口工资往往高于无工作人口，因此使用该方法估算的家务劳动人均经济价值和总经济价值也偏高。

以人均经济价值为切入点，在所有年龄组中，女性的家务劳动价值高于男性，女性的人均价值为30083元，而男性为16370元；年长者的家务劳动人均价值要高于年轻的年龄组，主要是通过延长家务劳动参与时间提高了人均贡献。须注意到，55岁及以上年长年龄组的人均价值很高，55~64岁的妇女承担的家务劳动人均价值为37205元，65岁及以上的妇女无偿家务劳动的人均贡献为38055元。在这些相同年龄组中，年龄较大的男性人均价值少一些，分别为21473元和24236元，但都明显高于年轻的年龄组。从总经济价值考虑，无薪家务劳动的经济价值是波动的，有峰有谷，25~34岁年龄组处于第一个总价值的高峰，45~54岁处于第二个高峰，这主要与人口数量和人口结构有关。此外，老龄人口参与家务劳动创造的经济价值总量依然很大。

表5-12　机会成本法—分年龄性别的工作日家务劳动经济价值

机会成本法	人均经济价值（元）			总经济价值（亿元）			占GDP的比重（%）
年龄	男	女	合计	男	女	合计	
15~24岁	8079	16689	12437	118.82	220.33	347.12	1.51
25~34岁	11906	20410	16264	299.95	480.36	792.54	3.44
35~44岁	13606	25725	19984	254.64	429.99	708.05	3.08
45~54岁	15732	31890	24662	284.28	508.01	838.49	3.64
55~64岁	21473	37205	30296	290.44	493.49	811.62	3.53
65岁及以上	24236	38055	31996	257.51	443.54	712.88	3.10
合计	16370	30083	23811	1650.72	2836.91	4646.52	20.19

2. 行业替代成本法

第二种方法是行业替代成本法。计算方法仍然是使用 2016年 CGPiS 中工作日家务劳动分年龄性别的平均时间，乘以根据2016 年居民服务业和其他服务业城镇单位就业人员平均工资计算的每小时工资，乘以 250 天，计算得出人均经济价值；用人均经济价值乘以对应年龄性别的人口数，得到家务劳动的总经济价值。表 5-13 按性别和年龄列出北京市 2016 年工作日家务劳动的人均经济价值和总经济价值。用行业替代成本法估算的工作日家务劳动的年人均经济价值为 13614 元，总经济价值约为 2656.56 亿元，占 GDP 的 11.54%。女性的年人均经济价值为17199 元，而男性为 9359 元。由于居民服务业和其他服务业城镇单位就业人员平均工资显著低于机会成本法采用的职工平均工资，因而以此方法估算得到的结果在一定程度上低估了家务劳动的经济价值。

表 5-13　行业替代成本法—分年龄性别的工作日家务劳动价值

行业替代法	人均价值（元）			总价值（亿元）			占 GDP 的比重（%）
年龄	男	女	合计	男	女	合计	
15~24 岁	4619	9542	7111	67.93	125.97	198.46	0.86
25~34 岁	6807	11669	9299	171.49	274.64	453.12	1.97
35~44 岁	7779	14708	11426	145.59	245.84	404.81	1.76
45~54 岁	8995	18233	14100	162.53	290.44	479.39	2.08
55~64 岁	12277	21271	17321	166.05	282.14	464.03	2.02
65 岁及以上	13857	21757	18293	147.23	253.58	407.57	1.77
合计	9359	17199	13614	943.77	1621.95	2656.56	11.54

3. 年龄工资调整法

由于不同年龄的家务劳动从事者并非完全同质的劳动力，随年龄的老化人们的劳动能力和体力会持续减退。因此，我们根据年龄对工资进行适当调整，希望能更合理地测算居民的家务劳动经济价值。我们采用分段计算的方法，15~54 岁的人口使用职工平均工资计算的每小时工资，55 岁以上的人口按职工平均工资的 60%~80% 计算收入，即用 0.6 倍职工平均工资和 0.8 倍职工平均工资分别计算的每小时工资作为工资标准，这样估计可以更合理地反映受劳动生产率变化影响的家务劳动经济价值。

这部分，我们分别计算了 2016 年北京市工作日家务劳动的分年龄性别的人均经济价值和总经济价值。具体计算方法是使用 2016 年 CGPiS 中工作日家务劳动分城乡的平均时间，乘以不同年龄的小时工资，再分别乘以 250 天，得到人均经济价值。人均经济价值乘以分年龄性别的人口数，得到总经济价值。表 5-14 列出了 2016 年北京市工作日家务劳动的人均经济价值和总经济价值。用年龄工资调整法估算的 2016 年北京市工作日家务劳动的总经济价值约为 3801.38 亿元和 4216.39 亿元，分别占 GDP 的 16.52% 和 18.32%。相对于机会成本法用同一标准计算，年龄工资调整法的结果更加趋于接近客观真实。

我们特别关注女性和老年人的家务劳动经济价值，年龄工资调整法的估算结果表明，根据时间使用数据，女性家务劳动的经济价值为 2324.43 亿元或 2577.81 亿元，大约占到总经济价值的三分之二；65 岁及以上的男性和女性每年在无偿家务劳动上分别贡献了 427.72 亿元或 570.29 亿元，如果把 55~64 岁的人的计算在内，每年的贡献将分别增加到 914.68 亿元或 1219.57 亿元。在个人层面，女性参与家务劳动的人均经济价值为 2.73 万元，男性为 1.48 万元，老年妇女（65 岁及以上）的家务劳动经济价值为 2.28 万元或 3.04 万元，老年男子参与家务劳动的经济价值为 1.45 万元或 1.94 万元。

表 5-14　年龄工资调整法—分年龄性别的工作日家务劳动经济价值

年龄工资调整法		人均经济价值（元）			总经济价值（亿元）			占 GDP 的比重（%）
标准	年龄	男	女	合计	男	女	合计	
职工平均工资	15~24 岁	8079	16689	12437	118.82	220.33	347.12	1.51
	25~34 岁	11906	20410	16264	299.95	480.36	792.54	3.44
	35~44 岁	13606	25725	19984	254.64	429.99	708.05	3.08
	45~54 岁	15732	31890	24662	284.28	508.01	838.49	3.64
0.6 倍	55~64 岁	12883	22322	18177	174.26	296.09	486.96	2.12
	65 岁及以上	14541	22833	19197	154.50	266.12	427.72	1.86
	合计	13368	24649	19480	1347.97	2324.43	3801.38	16.52
0.8 倍	55~64 岁	17178	29763	24236	232.35	394.78	649.96	2.82
	65 岁及以上	19389	30444	25596	206.00	354.82	570.29	2.48
	合计	14836	27335	21607	1496.05	2577.81	4216.39	18.32

4. 城乡工资调整法

第四种方法是城乡工资调整法，主要是考虑到城乡收入的差距，城市劳动者的工资收入往往大于农村劳动者的工资收入，所以采用不同的工资标准。我们分别计算了 2016 年北京市工作日城市、农村地区家务劳动的经济价值并进行了加总。为了考虑工作日家务劳动经济价值的时序影响，还计算了 2008 年北京市工作日的城市家务劳动经济价值、农村家务劳动经济价值和总经济价值，并进行了比较。具体计算方法是使用 2016 年 CGPiS 中工作日家务劳动分城乡的平均时间，城市乘以按职工平均工资计算的每小时工资，农村乘以按农、林、牧、渔业的平均工资计算的每小时工资，分别乘以 250 天，再乘以 15 岁以上分城乡的人口数，得到城市、农村家务劳动的经济价值，两者相加得到总经济价值。2008 年工作日家务劳动城乡经济价值的计算使用 2008 年中国时间利用调查北京市数据，其余计算方法同上。

表 5-15 列出了 2016 年和 2008 年北京市工作日家务劳动的城市经济价值、农村经济价值和总经济价值。用城乡工资调整法估算的 2016 年北京市工作日家务劳动的总经济价值约为 4378.60 亿元，占 GDP 的 19.03%，低于机会成本法估算的 20.19%，主要是降低了农村家务劳动的每小时工资赋值，使农村家务劳动创造的总经济价值下降而出现的结果。此外，2008 年北京市工作日家务劳动的总经济价值约为 1712.71 亿元，占 GDP 的 15.41%。

值得关注的是，2016 年工作日家务劳动经济价值占 GDP 的比重高于 2008 年的比重，主要有以下几方面的原因，2016 年的家务劳动平均时间比 2008 年略有提升，人均工资的增长速度快，工资和市场劳动的回报提高，以及北京市 2016 年常住人口远多于 2008 年。我们认为家务劳动贡献的经济价值在未来 10~20 年将越来越大，主要是由于人力资本价值及服务价格的上涨，预期北京市家务劳动的经济价值将持续增长。

表 5-15　城乡工资调整法—分城乡的工作日家务劳动总经济价值

单位：亿元，%

分城乡	2016 年	2008 年
城市	3965.41	1544.04
农村	413.19	168.67
合计	4378.60	1712.71
占 GDP 的比重	19.03	15.41

5. 最低小时工资法

最后，我们应用了最低小时工资法。我们使用人力资源和社会保障部公布的 2015 年北京市最低小时工资为工作日家务劳

动赋值。计算方法仍然是使用 2016 年 CGPiS 中工作日家务劳动
各年龄组、不同性别人口的平均家务劳动时间，乘以 2015 年北
京市最低小时工资，乘以 250 天，计算得出家务劳动年人均经
济价值；用年人均经济价值乘以对应年龄性别的人口数，得到
家务劳动的总经济价值。表 5-16 按性别和年龄列出了北京市工
作日家务劳动的人均年经济价值，还显示了整个年龄组的家务
劳动总经济价值。用最低小时工资法估算的工作日家务劳动的
年人均经济价值为 10472 元，总经济价值约为 2043.51 亿元，占
GDP 的 8.88%。女性参与家务劳动的年人均经济价值为 13230
元，而男性为 7200 元。用最低小时工资法计算得出的家务劳动
经济价值偏低，可以将该估计视为工作日家务劳动经济价值的
下限。

表 5-16　最低小时工资法—分年龄性别的工作日家务劳动经济价值

最低小时工资	人均经济价值（元）			总经济价值（亿元）			占 GDP 的
年龄	男	女	合计	男	女	合计	比重（%）
15~24 岁	3553	7340	5470	52.26	96.90	152.66	0.66
25~34 岁	5236	8976	7153	131.92	211.26	348.55	1.51
35~44 岁	5984	11314	8789	111.99	189.11	311.39	1.35
45~54 岁	6919	14025	10846	125.03	223.42	476.85	2.07
55~64 岁	9444	16363	13324	127.73	217.03	356.94	1.55
65 岁及以上	10659	16737	14072	113.25	195.06	313.52	1.36
合计	7200	13230	10472	725.98	1247.65	2043.51	8.88

综上，用机会成本法得到的家务劳动经济价值估计结果最
高，为 4646.52 亿元，占 GDP 的 20.19%；依年龄调整后的机会
成本法得到的估计结果是 3801.38 亿元或 4216.39 亿元，占

GDP 的 16.52%或 18.32%；依城乡调整后的机会成本法得到的估计结果是 4378.6 亿元，约占 GDP 的 19.03%。运用行业替代成本法得到的结果为 2626.56 亿元，占 GDP 的 11.54%。此外，选择最低小时工资法估算经济价值的下限，估计的总经济价值约为 2043.51 亿元，占 GDP 的 8.88%。

第6章 中国家务劳动时间影响因素分析

人们参与家务劳动受到多方面因素的影响，如社会环境、个体发展等。本章我们首先探讨个体因素（主要是客观因素）对参与家务劳动的影响，包括人口统计学特征（年龄、性别、教育、婚姻及家庭规模、健康等）、社会经济地位因素（收入、工作状态等），然后分析地区特定因素（如性别失衡状况、人均GDP增长率、女性劳动参与率等）的影响。对这些因素进行深入分析可以帮助我们了解不同群体参与家务劳动的真实状况，以及不同因素影响参与家务劳动时间的效果，有助于我们更好地推动家务劳动平等化。

6.1 人口统计学特征

6.1.1 年龄对家务劳动时间的影响

关于家务劳动时间与年龄的关系目前还没得到一致结论。部分研究指出，随着年龄增长，个体的家务劳动时间会明显增加，特别是在退出劳动市场之后更加明显。[①] 年龄在一定程度上

[①] 王琪延：《中国城市居民生活时间分配分析》，《社会学研究》2000年第4期；South, Scott J., and Glenna Spitze. Household in Marital and Nonmarital Households. *American Sociological Review*. 1994. 59（6）.

反映了性别平等意识，年轻人更注重家务分工的平等，随着年龄增长，男性和女性的家务劳动时间也在发生变化，家务劳动中的性别差异也随之变动。Malathy 认为随着年龄的增加，已婚女性家务劳动时间增加的比例逐渐降低，但是女性从事家务劳动的时间比例会随着丈夫年龄的增加而增加。[①] 畅红琴等研究指出，年龄对男性和女性自身的家务劳动时间都没有显著影响，但是配偶，尤其是丈夫的年龄与女性家务劳动时间正相关。[②]

不同年龄段人口在参与家务劳动时间上存在较大差异（见图 6-1），整体上人们在 65 岁以前，承担家务劳动的时间随着年龄增加而增加，在 65 岁以后承担家务劳动的时间出现小幅下降。当人们处于 14 岁及以下时，基本上还在上学，在这一阶段学习压力适中，除了学习以外，他们有较多的课余时间。此时人们参与家务劳动（作为课外活动的一种），不仅可以锻炼自理能力和动手能力，他们在做家务的同时还能通过家庭成员之间的互动活跃家庭气氛。随着年龄增长，在 15～24 岁这一阶段，人们从事家务劳动的时间小幅上升。原因可能是，在这一阶段中，他们尽管大多学业压力较大，但是基本上已经有了自理能力，可以承担日常生活中的大部分家务劳动。

随着人们步入社会，走上工作岗位，在 25～34 岁、35～44 岁、45～54 岁及 55～64 岁阶段中，人们参与家务劳动的时间较长。这一时期往往伴随着结婚生子，以及步入中年以后，上有老，下有小，人们参与家务劳动的时间上升幅度较大。当年龄达到 65 岁及以上时，人们大多从工作岗位上退休，有了更多的

---

① R., Malathy, Education and Women's Time Allocation to Nonmarket Work in an Urban Setting in India. *Economic Development and Cultural Change*. 1994. 42.

② 畅红琴、董晓媛、Fiona MacPhail：《经济发展对中国农村家庭时间分配性别模式的影响》，《中国农村经济》2009 年第 12 期。

闲暇时间。但随着子女成家，老年人承担起照料孙子、孙女的角色，在这一阶段从事家务劳动的时间仅有小幅减少。

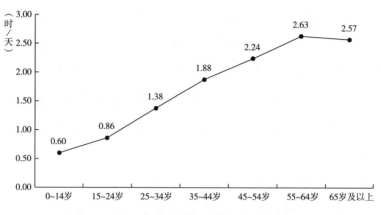

图6-1　不同年龄段平均家务劳动时间

6.1.2　性别对家务劳动时间的影响

出于生理和传统文化等原因，家务劳动存在明显的性别隔离现象。现有研究中关于家务劳动匹配不均这一现象普遍存在的原因主要有以下几种解释：一是相对资源的讨价还价能力，二是时间的可用性，三是性别的意识形态。相对资源的讨价还价理论认为，家务劳动是夫妻双方根据相对经济资源讨价还价的过程，经济资源相对丰富的一方所承担的家务劳动相对更少。Blood 和 Wolfe 用资源依赖和资源议价两种假说来解释已婚夫妇家务劳动时间的分配。两种假说的结果均表明男性参与家务劳动源于男性可以获得更多的资源。[1] "资源依赖" 假说认为虽然女性提供家务劳动也是有价值的，但是除此之外她们以其他方

---

① Blood R. O., Wolfe D. M., *Husbands and Wives.* Glencoe，IL：Free Press. 1960.

式提供有价值资源的可能性相对较小。由于只有能够提供更多可变现资源的一方才能拥有家务劳动的分配权，而男性往往在经济资源方面具有一定优势，因此男性在家务劳动分配中具有一定优势。"资源议价"假说则认为在家庭中男性、女性提供了不同的资源，其在家庭中的贡献相对平衡，共同的目的是家庭利益最佳和家庭产出效率最高，而不是双方相互控制和分配权利。但这仍会在家庭内部产生潜在的控制力和交换价值的差异。家务劳动通常烦琐而枯燥，为参与者提供的满足感较低，因而不做家务的一方在议价时往往处于优势。[1]

时间的可用性理论认为不同个体会根据他们在市场劳动中花费在工作中的时间来分配家务劳动，也就是家务劳动是做完所有重要任务后才去做的事情，且其分配根据夫妻双方的空闲时间而定。目前学界对于时间可用性的实证研究的结果较为一致，即工作时间对家务劳动时间具有显著的负效应。Rubiano 等认为在工作方面男性比女性投入了更多的时间，使女性承担了更多的家务劳动，从而可以解释参与家务劳动时间中的性别差异。[2] 但 Voicu 等关于欧洲社会调查数据（ESS）的研究得到的结论却相反，认为女性进入劳动力市场，在分担了家庭部分经济压力的同时，参与家务劳动的时间相对减少，结果反而促进了家务劳动分工的平衡。[3]

性别意识主要来源于男性和女性之间的生物学差异，女性

---

[1] Hiler, Darlene, Power Dependence and Division of Family Work [J]. *Sex Poles*, 1984, (10).

[2] Rubiano, Eliane and Viollaz, Mariane, Gender Differences in Time Use Allocating Time between the Market and the Household. Policy Research Working Paper Series 8981, The World Bank. 2019.

[3] Voicu M., Voicu B., Strapcova K., Housework and Gender Inequality in European Countries [J]. *European Sociological Review*, 2009 (3).

承担生育和哺乳的责任，男性则更多地参与食物生产、保卫等市场活动。① 随着社会经济发展，这种生理差异逐渐衍生了一种较为鲜明的性别角色态度：男性从事市场工作，女性从事家务劳动。这种性别角色态度为从双方经济资源差异角度解释参与家务劳动时间的性别差异带来了困难，也在一定程度上反映出夫妻双方性别平等观念的影响。随后，部分学者针对性别平等意识和家务劳动时间之间的联系进行了研究：Assve 等的研究认为夫妻双方性别平等意识越强，其家务劳动分配越公平。②

性别意识理论认为家务劳动在一定程度上体现了性别意识，即女性应该承担更多的家务劳动等女性化活动，男性应主要从事社会性活动。性别意识理论认为"男主外，女主内"的分工观念使家务劳动分工存在性别差异。随着女性逐步走入职场、性别意识与个人地位的上升，家务分工又迎来了一些新的变化，但男性或丈夫在家务劳动中所承担的比例仍不及女性或妻子工作量的一半。Hook 指出，男性虽然逐渐开始承担家务，但是平均量远低于女性。③ Coverman 等认为，自 1960 年以来，男性的家务劳动时间并没有出现太大的变动，女性家务劳动时间的减少在很大程度上是因为家务劳动的机电化和社会化。④

本次的调查（CGPiS）结果显示（见图 6-2），在 2017 年参与调查的受访者中，男性群体平均每天参与家务劳动的时间为

① Becker G. S., *A Treatise on the Family* ［M］. Cambridge：Harvard University Press, 2009.

② Assve A., Fuochi C., Mencarini L., Desperate Housework：Relative Resources, Time Availability, Economic Dependency and Gender Ideology Across Europe ［J］. *Journal of Family Studies*, 2001（2）.

③ Hook. Jennifer I., Gender Inequality in the Welfare State：Sex Segregation in Housework 1965-2003 ［J］. *American Journal of Sociology*, 2010. 115（5）.

④ Coverman, Shelly and Joseph F. Shelley, Changes in Men's Housework and Child-Care Time, 1965-1975. *Journal of Marriage and the Family*, 1986, 48.

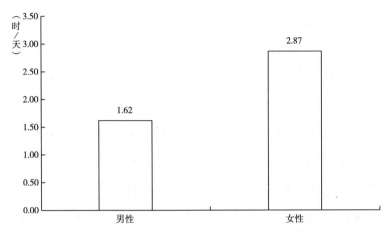

图 6-2　按男、女性别分类，平均家务劳动时间

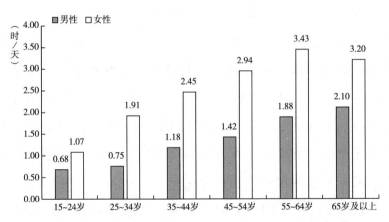

图 6-3　不同年龄区间男性、女性平均家务劳动时间

1.62 小时，远远低于女性（2.87 小时）。从生命历程来看
（见图 6-3），随着年龄增加，男性参与家务劳动的时间呈上升
趋势，在 65 岁及以上阶段中，平均每天参与家务劳动的时间达
到最大值，为 2.10 小时。在 65 岁之前，女性平均每天参与家
务劳动的时间呈上升趋势，在 55～64 岁这一阶段，女性平均每

天参与家务劳动的时间达到最大值，为 3.43 小时/天。在 65 岁及以上阶段中，女性平均每天参与家务劳动的时间出现小幅下降，平均每天参与家务劳动为 3.2 小时。

此外，图 6-3 的结果显示，女性在生命历程中的各个年龄阶段参与家务劳动的时间均高于男性。在 65 岁以前，男性与女性参与家务劳动时间的差距逐渐增大，55~64 岁阶段中，男性与女性参与家务劳动时间的差距达到最大，为 1.55 小时/天。

6.1.3 受教育程度对家务劳动时间的影响

教育可以显著改善社会宏观领域和家庭私人领域的性别不平等观念。[①] 根据现有研究，受教育程度的提高对家务劳动时间的影响主要来自两个方面：一是受教育程度的提高改善了家庭生活条件，改变了传统的落后观念，受教育程度越高的家庭，越注重男女平等，这种平等的性别观念会对家务劳动时间产生直接影响；二是受教育程度作为家庭内部的议价资本减少了女性的家务劳动时间及相应比例。[②]

关于受教育程度和家务劳动时间的关系，大部分学者认为男性的受教育程度对其参与家务劳动时间具有正向影响，而关于女性受教育程度对其参与家务劳动时间的影响并没有形成一致结论。此外，部分学者进行了关于受教育程度和家务劳动效率之间关系的研究：Gronau 认为女性受教育程度和家务劳动效率之间呈正相关关系，[③] 而 Graham 和 Green 的研究却认为女性

---

① 王琪延：《从时间分配看中国的人力资本》，《经济与管理研究》2000 年第 1 期。

② Graham, J. W., Green, C. A., Estimating the Parameters of a Household Production Function with Joint Outputs [J]. *Review of Economics and Statistics*, 1984, 66 (2).

③ Gronau, R., Home Production—A Forgotten Industry [J]. *Review of Economics and Statistics*, 1980, 62.

受教育程度和家务劳动效率之间呈负相关关系，受教育程度越高的女性，其对参与家务劳动这一行为越不满意，进而从事家务劳动的效率也不高。[①] Voicu 等基于第二次欧洲社会调查数据（ESS02）的研究显示受教育程度提升有利于家务劳动分配上的性别平等，在一定程度上表明了受教育程度很可能与性别平等意识有关。[②]

另外，部分研究还认为受教育程度对夫妻家务劳动时间配置的影响有显著的性别差异。一般女性的受教育程度越高，其在家务劳动方面投入的时间会有所减少；而对于男性而言，受教育程度越高的丈夫会越倾向于与妻子共同承担家务。也有研究认为男性的受教育程度和其投入家务劳动的时间并没有必然联系。[③]

在 CGPiS 调查中，不同受教育程度群体参与家务劳动的情况（见图 6-4）：整体来看，随着人们受教育程度的提高，参与家务劳动的时间呈下降趋势。其中没上过学的群体参与家务劳动的平均时间最长，达到 2.86 小时/天，学历为博士研究生的群体平均参与家务劳动的时间最短，为 0.73 小时/天。

受教育程度对男性、女性两个群体有不同的影响（见图 6-5）。整体来看，在各个受教育程度中，女性平均参与家务劳动时间均高于男性，学历为硕士研究生的群体中，男性与女性家务劳动时间差距最小，女性平均每天参与家务劳动的时间比男性多出 0.36 小时。此外，对于男性群体而言，随着受教育程度

① Graham, J. W. & Green, C. A., Estimating the Parameters of a Household Production Function with Joint Outputs [J]. *Review of Economics and Statistics*, 1984, 66.

② Voicu M., Voicu B., Strapcova K., Housework and Gender Inequality in European Countries, *European Sociological Review*, 2009, 25 (3).

③ 张小莉：《女性家务劳动时间的影响因素研究——基于山东省调查数据的实证分析》，《青年与社会》2014 年第 2 期。

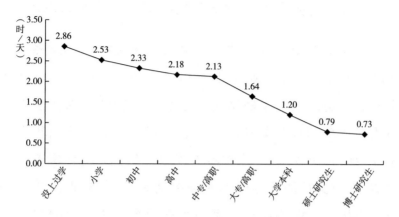

图 6-4　不同受教育程度的受访者平均家务劳动时间

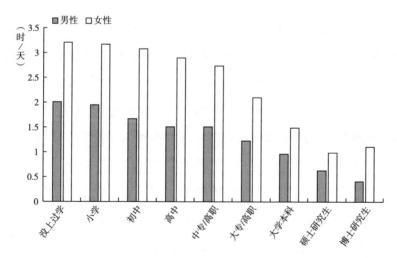

图 6-5　不同受教育程度的男性、女性平均家务劳动时间

的提高，其家务劳动时间呈下降趋势，对女性而言，学历为中专/高职及以下时，其家务劳动时间基本保持平稳，学历为大专/高职的女性群体家务劳动时间出现大幅减少。

6.1.4 婚姻及家庭规模对家务劳动时间的影响

随着家庭的组建，夫妻双方需要承担起照顾家庭的责任，因而已婚男女往往比未婚男女承担更多的家务劳动。婚姻状态是重要的影响因素，家庭结构、子女的年龄结构以及是否与父母同住都会影响家务劳动时间。研究指出，未在婚姻状态的个体家务劳动时间较短。[①] 家中有 6 岁以下的儿童会使家务劳动时间增加；[②] 与父母同住会降低家务劳动时间。[③] Shelton 等的研究表明工作状态、婚姻状况、家中小孩的个数等因素的差异解释了家务劳动时间变化的很大比例，特别是女性家务劳动时间的变化。[④]

对调查数据的处理结果显示（见图 6-6）：处于不同婚姻状态的群体，参与家务劳动时间的差异较大。其中丧偶群体平均每天参与家务劳动的时间最长，为 2.68 小时/天；其次是再婚群体以及已婚群体；未婚群体的家务劳动时间最短，为 0.99 小时/天。离婚和丧偶群体的家务劳动时间较长的原因可能在于没有配偶一起分担照顾子女、父母等家务劳动。

除配偶外，父母、子女等家庭成员也是家庭的重要成员。家庭成员既可以分担家务，在需要被照料的阶段也增加了家务劳动的负担。因此，家庭成员数量也是影响家务劳动时间的重要因素，与父母的居住方式、子女的数量等都会造成家务劳动

---

① 王亚林：《城镇居民家务劳动动态考察》，《社会学研究》1991 年第 3 期。

② 齐良书：《议价能力变化对家务劳动时间配置的影响——来自中国双收入家庭的经验证据》，《经济研究》2005 年第 9 期。

③ 畅红琴、董晓媛、Fiona MacPhail：《经济发展对中国农村家庭时间分配性别模式的影响》，《中国农村经济》2009 年第 12 期。

④ Shelton, Beth Anne, Dophne John, Dose Marital Status Make a Difference? [J] . *Journal of Family Issues*, 1993 (14).

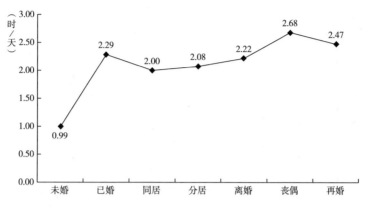

图6-6　不同婚姻状况的受访者的平均家务劳动时间

时间的差异。齐良书、畅红琴等的研究认为，在与老人同住的情况下，妻子的家务劳动时间明显降低。大多数研究也表明，家庭中6岁及以下的孩子数量增加时，夫妻双方的家务劳动时间均有明显增加，特别是对于女性来说。同时，也有部分研究认为家庭孩子数量的变化对丈夫的家务劳动时间并没有显著影响。

　　大多数学者从时间利用角度出发，认为成年人进入生育状态以后，子女数量的增加会大幅度增加家务劳动时间。如张琪等认为女性家务劳动时间与子女数量显著相关，生育一个孩子会使女性总体家务劳动时间增加2.08小时。并且生育二胎虽然不会使家务劳动时间加倍，但会相对增加36.5%的家务劳动时间。而当家庭存在同住老人时，父辈会帮助成年子女承担部分家务，减少成年子女的家务劳动时间。

　　不同家庭规模（含子女和老人等）的家务劳动时间见图6-7。可以看出家庭规模为1~2人的平均家务劳动时间最长，为2.34小时；其次为4人及以上家庭，平均家务劳动时间为2.27

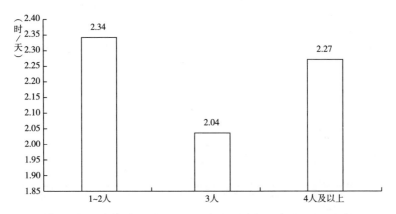

图 6-7　不同家庭规模受访者的平均家务劳动时间分布

小时，家庭规模为 3 人的平均家务劳动时间最少，为 2.04
小时。

6.1.5　健康状况对家务劳动时间的影响

健康是从事劳动的重要资本和基础，健康的缺失将导致大
部分的生产性活动无法正常开展。健康状态对于家务劳动有着
非常重要的影响。一般而言，身体状况欠佳的人往往倾向于较
少从事社会和家务劳动，同时较差的健康状况会增加其他家庭
成员的家务劳动时间。但郭晓杰的研究认为健康状况欠佳仅仅
减少了城市已婚男女从事家务劳动的时间，对于农村而言则有
相反的结论。[1] 於嘉发现健康状况对女性的家务劳动时间并没有
显著影响。[2]

---

[1]　郭晓杰：《中国已婚女性劳动力供给影响因素分析——基于标准化系数研究方法》，《人
　　口与经济》2012 年第 5 期。
[2]　於嘉：《性别观念、现代化与女性的家务劳动时间》，《社会》2014 年第 34（02）期，
　　第 166~192 页。

身体状况较好的群体参与家务劳动的时间是否会更多？本次调查通过询问被访者对身体健康状况的主观评价来测量其身体状况（问题："和同龄人相比，您现在身体状况如何"），结果显示（见图6-8）：与同龄人相比，认为自己身体状况不好的群体，参与家务劳动的时间较长。原因可能是身体状况受到年龄等因素的影响，随着年龄增大，身体状况逐渐变差，但与此同时人们也承担起更多的家庭责任，平均每天参与家务劳动的时间逐渐增加。

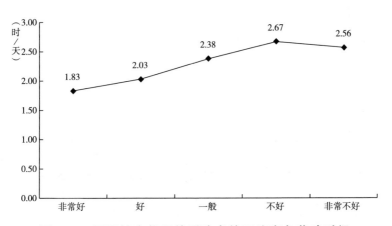

图6-8 不同健康状况的受访者的平均家务劳动时间

6.1.6 户籍（城镇/农村）对家务劳动时间的影响

在中国，城乡二元结构使农村社会和城镇社会的现代化程度差异较大，大部分城镇的现代化已经基本完成，而农村地区的现代化进程仍在继续。中国农村和城镇社会无论在经济还是文化等方面都存在一定差别。各项大型的社会调查结果都显示农村女性家务劳动时间长于城镇女性家务劳动时间。於嘉的研究也表明，在农村地区，无论男性还是女性的家务劳动时间均比城镇地区长。城镇地区经济较为发达，居民的可支配收入也较多，城镇居民通常可以购买洗衣机、洗碗机等家务劳动替代品，来减少其家务劳动时间。

根据调查数据处理得到的结果（见图6-9），可以看出农村群体平均家务劳动时间较长，为2.42小时/天，高于城镇群体家务劳动时间（2.15小时/天）。

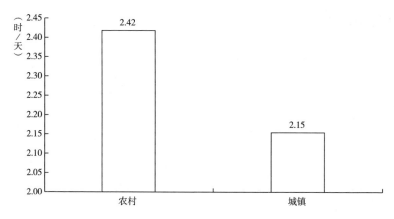

图6-9　户籍为农村、城镇群体的平均家务劳动时间

6.2　社会经济因素

6.2.1　就业状态对家务劳动时间的影响

对家务劳动的投入量人们常常以社会劳动状况来衡量（见图6-10）。不管从相对资源与议价能力的角度还是从时间可用性的角度来看，夫妻双方的工作状态（在业与未在业）都对其家务劳动时间有较大影响。有工作以及职位高可以作为家务劳动中的议价资源。有工作且工作时间越长抑或是职业地位越高的人，其从事家务劳动的时间往往越少。但现有研究中的结果并不完全一致，刘爱玉等提出男性经济上的独立与成就会极大地影响其在家务劳动中的表现，在家待业的男性比有工作的男性家务劳动时间要长。Hersch和Stratton认为男性在外工作时间占其总工作时间的比例和家务劳动时间占其总工作时间的比例呈负相关关系，而女性的家务劳动时间与其丈夫的在外劳动时间正相关，已婚男性的家务劳动时间与其在外工作时间不相关。[①]

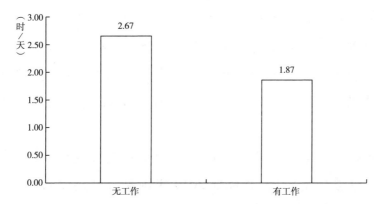

图 6-10　不同就业状态的群体平均家务劳动时间

按照问卷中对问题"最近一周是否为取得收入而工作过1小时以上？包括务农或无报酬的家庭帮工"的回答"1＝是；2＝否"对调查对象进行分类，结果显示有工作群体的平均家务劳动时间为1.87小时/天，无工作群体平均家务劳动时间为2.67小时/天，整体上无工作群体参与家务劳动的时间更多。

---

① Hersch, Joni & Stratton, Leslie, S., Housework, Wages, and the Division of Housework Time for Employed Spouses, *American Economic Review*, American Economic Association. 1994, 84 (2).

6.2.2　收入对家务劳动时间的影响

收入是影响家务劳动时间配置的重要因素，尤其是对于女性来说。个人收入是个体资本的重要体现，个体资本是通过教育、医疗、技术培训等方式不断培养而得到的资本。个体的实际购买力主要由收入来衡量，而工作收入作为收入的主要构成部分，能够直观地反映出个体的经济资源水平。於嘉[1]、Sousa[2] 的研究发现，自身绝对收入的增加可以减少个人的家务劳动时间。齐良书认为工资议价能力的提高对本人的家务劳动时间和承担比例有着显著影响，并且这种议价能力的影响具有显著性别差异，对男性的影响大于女性。[3] 随着经济发展水平提高，收入对家务劳动时间议价能力的影响不断增大。胡军辉认为非劳动收入的增加可以减少所有家庭成员的家务劳动时间。[4]

根据问卷中"从这份工作中平均每月实际获得的收入是多少？（单位：元）"，并根据 2019 年国家统计局发布的《2018年全国时间利用调查公报》中的收入划分标准，我们将受访对象划分为：低收入群体、中等收入群体、较高收入群体、高收入群体（见表 6-1）。

---

① 於嘉：《性别观念、现代化与女性的家务劳动时间》，《社会》2014 年第 2 期。

② Sousa, Begona, 2003. Family Illness, Work Absence and Gender Documentos de Traballo. University de Vigo. Departmento de Economica Applicada.

③ 齐良书：《议价能力变化对家务劳动时间配置的影响——来自中国双收入家庭的经验证据》，《经济研究》2005 年第 9 期。

④ 胡军辉：《非劳动收入对家庭时间配置的影响——一个基于工作异质性的比较研究》，《中国工业经济》2011 年第 7 期。

表 6-1 按个人收入分类

单位：元

类型	月收入区间
低收入群体	≤2000
中等收入群体	2001~5000
较高收入群体	5001~10000
高收入群体	>10000

不同收入群体平均家务劳动时间的结果显示（见图 6-11）：较高收入群体即月平均收入在 5001~10000 元的群体平均参与家务劳动的时间最短，为 0.95 时/天；而高收入群体平均参与家务劳动时间最长，达到 2.51 时/天。

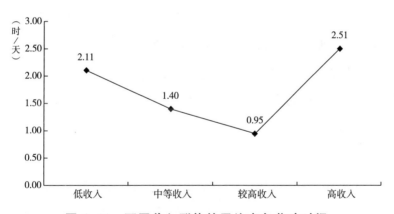

图 6-11 不同收入群体的平均家务劳动时间

6.3 OLS 模型回归分析

6.3.1 OLS 模型构建

统计学一般通过 OLS 模型回归来预测因变量与解释变量之间的关系。

本节选取因变量：去年，在非假期期间，您平均每天做家务（包括买菜、做饭、洗衣、打扫卫生等）几个小时（单位：小时）？

自变量：性别、年龄、年龄平方、婚姻状况、受教育程度、健康状况、家庭规模、户籍、就业状态。

OLS 模型方程：

$$Y = \beta_0 + \beta_1 X_1 + \beta_2 X_2 + \cdots + \beta_n X_n + \theta$$

其中，$n = 1$，2，3，4，…

6.3.2 数据描述

1. 因变量

问卷中有问题"去年，在非假期期间，您平均每天做家务（包括买菜、做饭、洗衣、打扫卫生等）几个小时（单位：小时）？"。本节以调查对象对该问题的回答得到的家务劳动时间作为因变量，该变量是一个连续变量，取值范围为 0~24 小时（见表6-2）。

2. 自变量

自变量中（见表6-2），离散变量：性别指标为二值的 0-1 变量，1 表示男性，0 表示女性；婚姻状况指标为二值的 0-1 变量，0 表示已婚，1 表示单身（未婚、离婚、丧偶）；受教育程度指标为序次变量，0 表示受教育程度为小学及以下，1 表示初中或高中，2 表示中专/职高或大专/职高，3 表示本科及以上，数字越大教育程度越高。健康状况指标按照五级标准分类，1 表示非常好，…，5 表示非常不好；户籍指标为二值的 0-1 变量，1 表示农村，0 表示城镇；就业状态指标为二值 0-1 变量，1 表示有工作，0 表示无工作。

表 6-2 指标解释

变量	变量定义
承担家务劳动时长	非假期期间平均每天做家务时间
性别	1＝男性；0＝女性
年龄	调查对象的年龄（岁）
年龄平方	—
婚姻状况	1＝单身；0＝已婚
教育	0＝小学及以下；1＝初中或高中；2＝中专/职高或大专/高职；3＝大学本科及以上
健康状况	1＝非常好；2＝好；3＝一般；4＝不好；5＝非常不好
家庭规模	家庭人口数量
户籍	1＝农村；0＝城镇
就业状态	1＝有工作；0＝无工作

连续变量：年龄、年龄平方、家庭人口数量。

各变量的描述性统计见表 6-3。

表 6-3 变量的描述性统计

变量	均值	标准差	最小值	最大值
承担家务劳动时长	2.3797	2.1141	0	8
性别	0.5043	0.5000	1	2
年龄	53.8589	15.2592	4	117
年龄平方	3133.614	1624.538	16	13689
婚姻状况	0.9100	0.2862	0	1
教育	0.9695	0.9024	0	3
健康状况	2.6167	1.0124	1	5
家庭规模	3.1744	1.5517	1	15
户籍	0.3182	0.4658	0	1
就业状态	1.4644	0.4987	0	1

6.3.3　回归结果分析

1. 样本总体回归结果

本节运用 Stata 软件对模型进行处理，表6-4中第（1）列报告了本次家务劳动时间调查中全部样本的回归结果。其中性别、年龄、年龄平方、婚姻状况、受教育程度、健康状况、家庭规模、户籍、就业状态均对参与家务劳动时间具有显著影响。

人口统计学特征中个体的性别、年龄、婚姻状况、受教育程度、健康状况、家庭规模、户籍均对参与家务劳动时间有非常显著的影响。其中，女性参与家务劳动时间多于男性；受教育程度越高，参与家务劳动的时间可能越少，这与我们预期的受教育程度对家务劳动时间的影响效果一致，受教育程度越高，个体的家务劳动时间越短；家庭人口的增加、家庭规模的扩大，对参与家务劳动时间有着明显的正向作用；农村群体参与家务劳动时间多于城镇群体。在社会经济相关指标中，是否有工作对参与家务劳动时间具有显著的负向作用，无工作群体参与家务劳动时间显著多于有工作群体，这与我们的预期及现实情况一致。

2. 性别与家务劳动时间

从上一节我们对男性与女性家务劳动参与时间的分析可以看出，性别对家务劳动时间有着非常重要的影响。下面我们将分别对男性与女性进行分组检验，分析对于男性、女性这两个群体而言各种因素对其参与家务劳动时间的影响。表6-4中第（2）列和第（3）列分别报告了对于女性群体、男性群体而言，各项因素对其家务劳动时间的回归结果。

从两个模型的回归结果可以看出，不管对于男性还是女性群体，年龄、年龄平方、受教育程度、家庭规模（家庭人口数量)、户籍、就业状态对其参与家务劳动时间都具有显著影响，并且估计系数的符号一致；而婚姻状况和健康状况对男性、女性两个群体具有不同的影响。

对比男性与女性两个群体的回归结果中年龄的估计系数可以发现，女性群体的年龄对其参与家务劳动时间的估计系数为0.1516，大于男性群体年龄对其参与家务劳动时间的估计系数(0.06176)。即随着年龄增加，男性与女性群体参与家务劳动的时间均有增加的趋势；但对于女性而言，年龄对参与家务劳动时间的影响更大。

对比两个群体受教育程度的估计系数可以发现：受教育程度对男性、女性两个群体家务劳动时间的影响都很显著。这可能是因为现代社会教育对经济收入具有重要的影响作用，在一般情况下受教育程度的提高会增加人们的经济收入，从而改善生活质量，进而减少人们的家务劳动时间。对比两个模型的估计结果还可以发现，对于男性群体，受教育程度对参与家务劳动时间的减少作用略弱于女性，说明教育对女性家庭地位有着明显的提升作用。随着中国女性受教育程度的提升，越来越多的女性走入职场，积极参与到各类社会活动和经济活动中，提高了其在家庭中的议价能力，减少了女性所承担的家务劳动量。

表 6-4　OLS 回归结果

变量	(1)	(2)	(3)	(4)	(5)
	全国	女性	男性	城镇	农村
性别	-1.198 ***			-1.092 ***	-1.408 ***
	(0.0204)			(0.0237)	(0.0399)
年龄	0.105 ***	0.152 ***	0.0618 ***	0.109 ***	0.0816 ***
	(0.00416)	(0.00609)	(0.00564)	(0.00459)	(0.00930)

续表

变量	（1） 全国	（2） 女性	（3） 男性	（4） 城镇	（5） 农村
年龄平方	−0.000811*** （0.0000382）	−0.00127*** （0.0000564）	−0.000382*** （0.0000514）	−0.000855*** （0.0000425）	0.0000625*** （0.0000831）
婚姻状况	−0.0168 （0.401）	0.161*** （0.0620）	−0.145*** （0.0523）	0.0175 （0.0438）	−0.165* （0.0930）
受教育程度	−0.173*** （0.0130）	−0.198*** （0.01959）	−0.130*** （0.0173）	−0.164*** （0.0138）	−0.185*** （0.0342）
健康状况	0.0337*** （0.0104）	−0.0236 （0.0196）	0.0425*** （0.0140）	0.0102 （0.0125）	0.0818*** （0.0184）
家庭规模	0.0568*** （0.00691）	0.0994*** （0.0105）	0.0226** （0.00903）	0.0623*** （0.00876）	0.0411*** （0.0115）
户籍	0.227*** （0.0237）	0.307*** （0.0364）	0.169*** （0.0308）		
就业状态	−0.516*** （0.0226）	−0.615*** （0.0320）	−0.374*** （0.0319）	−0.693*** （0.0270）	−0.124*** （0.0424）
常数项	−0.124 （0.108）	−1.454*** （0.161）	−0.280* （0.145）	−0.168 （0.119）	0.697*** （0.244）
观测值	39284	19461	19823	26800	12484

注：* 表示 $p<0.10$，** 表示 $p<0.05$，*** 表示 $p<0.01$。

　　对比男女两个群体婚姻状况的估计系数可以看出，未婚男性参与家务劳动的时间显著短于已婚男性参与家务劳动的时间；而女性群体的情况则相反，未婚女性参与家务劳动时间显著长于已婚女性参与家务劳动的时间。出现这种差异的原因可能是受中国"男主外，女主内"传统思想道德观念的束缚，女性群体在步入婚姻之前在家庭中作为女儿往往协助母亲料理家务，而男性在家庭中作为儿子参与家务劳动的时间较少。随着步入婚姻，以及男女平等观念的普及，男性在家庭中参与家务劳动的时间逐渐增多。这与王智波与李长洪基于中国健康与营养调查数据（CHNS）的研究结果一致，他们认为中国已婚男性花费在家务劳动中的时间多于未婚男性。[①]

3. 户籍与家务劳动时间

在上一节，从对农村户籍与城镇户籍两个被调查群体家务劳动参与时间的分析可以看出，户籍在家务劳动中同样有着非常重要的影响。下面我们将分别对农村与城镇群体进行分组检验，分析对于农村、城镇这两个群体而言各种因素对其参与家务劳动时间的影响。表 6-4 中第 4 列和第 5 列分别报告了对于城镇群体、农村群体而言，各项因素对其参与家务劳动时间的回归结果。

从两个模型的回归结果可以看出，对于农村群体和城镇群体而言，性别、年龄、年龄平方、受教育程度、家庭规模、就业状态对其参与家务劳动时间均具有显著影响；而婚姻状况和健康状况对两个群体产生的影响存在较大差异。对于农村群体而言，婚姻状况对其家务劳动时间具有显著影响，已婚农村群体参与家务劳动的时间显著多于农村未婚群体，而婚姻状况对城镇群体参与家务劳动的时间没有显著影响；健康状况对农村群体参与家务劳动时间具有显著影响，而城镇群体的健康状况对其参与家务劳动时间的影响并不显著。

对比模型的估计系数可以发现：性别对农村、城镇两个群体家务劳动时间的影响都很显著，但农村群体的估计系数大于城镇群体。原因可能是相较于城镇地区农村地区男女平等的观念还没有被广泛接受，女性承担更多家务劳动的观念在农村地

---

① 王智波、李长洪：《好男人都结婚了吗？——探究我国男性工资婚姻溢价的形成机制》，《经济学》（季刊）2016 年第 3 期。

区仍较普遍，以致农村中男性与女性参与家务劳动时间的差异大于城镇地区；农村和城镇地区年龄对参与家务劳动时间均具有显著正向影响，即随着年龄增加，农村群体和城镇群体参与家务劳动的时间均呈逐渐增加的趋势。农村地区婚姻状况对家务劳动时间具有显著影响；城镇地区婚姻状况对参与家务劳动时间的影响不显著。受教育程度对农村、城镇两个群体均有显著影响，随着受教育程度的提升，参与家务劳动的时间逐渐减少；对比二者估计系数可以发现，农村地区受教育程度的估计系数大于城镇地区，可以看出相对于城镇地区，教育在农村地区对人们参与家务劳动时间的减少作用更大。就业状态对农村和城镇群体的估计系数均为负，说明有工作、收入提高减少了人们的家务劳动时间；但城镇群体就业状态的估计系数绝对值大于农村群体，说明相较于农村群体，城镇群体参加工作对家务劳动的减少作用更大一些。

6.4　地区因素对家务劳动时间的影响

在前面的章节中我们主要分析了人口统计学因素对家务劳动时间的影响，下面将性别失衡（如新出生人口性别比、女性劳动参与率、家庭中女性与男性工资差异）以及其他一些地区相关指标（如人均 GDP 增长率、65 岁及以上老年人口比重、少儿抚养比等）纳入分析。现有研究已经表明人口统计学特征指标对家务劳动时间会产生显著影响，[1][2][3] 而将地区相关指标纳入

① Gimenea-Nadal, Jose Ignacio and Jose Alberto Molina, Parents' Education as a Determinant of Educational Childcare Time. *Journal of Population Economics*, 2013, 26 (2).
② Gimenea-Nadal, Jose Ignacio and Almudena Sevilla, Trends in Time Allocation: A Cross-Country Analysis. *European Economic Review*, 2012. 56 (6).
③ Grossbard, Shoshana Amyra, J. Ignacio Gimenez-Nadal, and José Alberto Molina. Racial Intermarriage and Household Production. Review of *Behavioral Economics*, 2014, 1 (4).

分析可以控制可能会对参与家务劳动时间产生影响，但无法衡量的因素。在本节的分析中，我们分别在全国层面和区域层面建立模型，研究性别失衡等因素对参与家务劳动时间的影响。

6.4.1　地区相关因素指标介绍

1. 地区人均 GDP 增长率

经济发展对性别观念的影响主要从两条路径来实现：一方面经济发展通过改变人们的职业地位从而间接地给性别观念带来影响；另一方面，经济发展会给社会整体环境带来变化，使经济结构由以农业为主导转向以二、三产业为主导，为女性提供走出家庭的机会，促进整个社会性别意识形态向平等化和现代化过渡。现有研究认为性别观念与经济发展、教育扩张等社会趋势存在一定关系。[①]

"经济发展"除了包含经济总量的增长外，还包含经济结构转型和产业结构的优化，同时还伴随着经济和社会生活条件的提高。经济社会发展在很大程度上促进了性别观念的平等。一是经济发展推动女性参与到劳动回报率较高的非农部门就业；[②] 二是经济发展推动了教育普及和教育扩张，而这种扩张对女性有利；[③] 三是随着产业结构升级，女性在服务业等第三产业就业市场中具有明显的比较优势。[④] Kabeer 认为性别平等对于经济增

① Reskin, Barbara F. Including Mechanisms in Models of Ascriptive Inequality. *American Sociological Review*, 2003, 68.

② Duflo, Esther, Women Empowerment and Economic Development. Journal of Economic Literature, 2012, 50 (4).

③ Hout, Michael & Thomas A. Diprete, What We Have Learned：RC28's Contribution to Knowledge about Social Stratification. *Research in Social Stratification and Mobility*, 2006, 24.

④ Rosenzweig, Mark R. &Junsen Zhang, Economic Growth, Comparative Advantage and Gender Differences in Schooling Outcomes：Evidence from the Birth-weight Difference of Chinese Twins. *Journal of Development Economics*, 2013, 104.

长有积极影响。① 虽然目前学界关于性别平等与经济增长的结论
还不一致，但家务劳动中的性别差异与性别平等有关，因而我
们认为在分析家务劳动中的性别差异时，应该包含经济增长相
关指标，本报告选取人均 GDP 增长率衡量地区经济增长。

2. 65 岁及以上老年人口比重

随着中国老龄化程度的深化，老年人口对于家务劳动的影
响受到学界广泛关注。一方面大多数老龄人口身体健康状况欠
佳，需要成年子女进行照顾。Budlender 将 65 岁及以上老年人口
占一个国家或地区总人口的比重定义为护理依赖率。② 目前中国
社会养老体系尚待完善，同时受到传统"养儿防老"观念的影
响，对老年人的照护常常由家庭承担，因此 65 岁及以上老龄人
口的增加将加重成年子女的家务劳动负担。另一方面，随着越
来越多女性进入职场，退休之后的低龄老龄人口拥有较多的闲
暇时间，逐渐成为照料孙辈以及日常家务劳动的主力。因而，
65 岁及以上老龄人口占国家或地区总人口的比重对家务劳动时
间的影响在这两方面的综合作用下，需要根据具体的数据进行
实证分析。

3. 新出生人口男女性别比

新出生婴儿性别失衡问题是中国继人口老龄化之后面临的
又一严峻社会问题。出生婴儿性别失衡关系到婚配年龄的性别
失衡，进而导致买卖婚姻、拐卖人口、性犯罪等问题，严重影
响社会安定。自 20 世纪 70 年代起施行的计划生育政策对中国

---

① Kabeer, Naila, Gender Equality, Economic Growth, and Women's Agency: The Endless Variety'and 'Monotonous Similarity' of Patriarchal Constrains [J]. *Feminist Economics* 2016, 22 (1).

② Budlender, Debbie, ed. *Time Use Studies and Unpaid Care Work*. New York: Routledge, 2010.

甚至世界人口的增长以及人口结构产生了深远影响。学者针对大范围实施的计划生育政策对男女性别比例失衡的影响进行了深入讨论。Ebenstein 认为在严格实施计划生育政策降低生育率的同时，在传统性别偏好观念下，人们倾向于使用选择性堕胎来实现在不违反计划生育政策规定的同时拥有男性继承人的目的。[①] 另外一种假说认为，女孩存活率以及女孩相对于男孩的比例等指标，主要取决于成年女性在家庭中的相对地位（教育或收入等）。[②] 性别观念代表了个人及整个社会对于男性和女性的性别角色的预期和规范。目前学界关于性别观念的研究大多认为，性别观念对家务劳动时间和家庭权利的分配的平等性具有显著影响，在一定程度上会对婚姻的满意度和稳定性以及女性的工作意愿、职业发展产生影响。

性别比例是影响婚姻市场中女性价值的重要因素，在女性相比男性更为稀少的地区，可预期家务劳动中的性别差异较小。不断升高的男女性别比影响着女性的家庭地位，"物以稀为贵"的道理在家庭内部和劳动力市场上的议价过程中依然发挥作用。相对稀缺的女性人口在家庭内部有较高的议价能力，这种议价能力在家务劳动的参与中表现为女性可以从事更少的家务劳动。张杭在纳什均衡框架下提出性别失衡可通过女性在

① Avraham Ebenstein, The 'Missing Girls' of China and the Unintended Consequences of the One Child Policy, *Journal of Human Resources*, University of Wisconsin Press, 2010, 45 (1).

② Ben-Porath, Yoram, The Production of Human Capital and the Life Cycle of Earning. The *Journal of Political Economy*, 1967, 75 (4). Burgess, Robin. Mao's Legacy: Access to Land and Hunger in Modern China, London School of Economics Working Paper, 2004. Clark, S. Son, Preference and Sex Composition of Children: Evidence from India. *Demography*, 2000, 31 (1). Duflo, Esther, Grandmothers and Grandfathers: Old Age Pension and Intrahousehold Allocation in South Africa. *World Bank Economic Review*, 2003, 17 (1). Foster, Andrew D. and Rosenzweig, Mark R., Missing Women, the Marriage Market, and Economic Growth. Brown Univesity Working Paper, 2001.

婚姻市场上的外部选择以及提高女性在劳动市场上的议价能力来提高女性在家庭议价过程中的"威胁点"从而提高女性的家庭地位。[①] 在性别比例失衡严重的地区，女性有更大的比例从事专业性强、收入和社会地位较高的工作。且女性在劳动力市场上的议价能力提高会增强女性在家庭内部的议价能力。因而地区性别比例也是女性决定投入劳动市场工作和家务劳动时间的重要因素。[②]

4. 少儿抚养比

孩子数量对于家务劳动的负担有很大影响，相对于少儿抚养比低的地区，少儿抚养比高的地区，成人参与家务劳动的时间较长。Coaler 等的"抚养负担假说"认为少儿给劳动年龄人口带来的是抚养负担。[③] 青少年不属于经济活动人口，不参与市场劳动，是社会物质财富的消耗者。多数从时间利用视角出发的研究分析了女性在工作、家庭以及闲暇之间的安排，结果发现子女数量对女性的家务劳动时间具有显著的增加效应，挤占了女性的闲暇时间，给其工作时间也带来了一定的负面影响。贝克尔在专门就生育对家务劳动时间的影响的研究中，从定性角度出发，认为无论从性别角色定位还是从家庭中的议价能力来说，生育都会迫使女性投入大量的时间到家务劳动和子女照料中。[④] 同时，子女的年龄也会对家务劳动时间产生重要影响，家庭中 6 岁及以下儿童数量的增加会显著影响农村女性参与家

① 张杭：《性别比失衡、女性家庭及劳动力市场的议价能力》，复旦大学硕士学位论文，2013。

② Amuedo Dorantes, Catalina and Shoshana Grossbard. Cohort-Level Sex Ratio Effects on Women's Labor Force Participation. *Review of Economics of the Household*, 2007, 5 (3).

③ Coaler M., Anseley J. Edgar M. et al., *Population Growth and Economic Development in Low-income Countries* [M]. Princeton: Princeton University Press, 1958.

④ 贝克尔：《人类行为的经济分析》，上海人民出版社，2015。

务劳动的时间。[1]

在关于少儿抚养和劳动人口劳动参与率关系的研究中，一般认为少儿抚养负担的增大，在一定程度上会降低劳动人口的劳动参与率。Bailey 认为，生育率的高低对女性的劳动参与率有显著影响，生育率越低，女性的劳动参与率越高，反之则反是。[2] Canning 认为生育率降低会导致家庭规模缩小，少儿抚养比降低，家庭成员有更多的时间参与到市场劳动中，对于育龄妇女的影响尤为显著。[3] Bloom 和 Williamson 认为，少儿抚养比主要通过影响劳动年龄人口数量、劳动年龄人口劳动参与率以及市场劳动时间三个维度对劳动力市场产生影响。[4] Beaujot 等认为，家庭中需要被照料的少儿增加，会对劳动年龄人口参与市场劳动的时间产生严重影响，并且对于女性的影响大于男性。关于少儿抚养的另外一种观点认为，短期来看，少儿抚养负担减少了劳动者参与市场劳动的时间，但长期来看，少儿是未来劳动力的补充，少儿的增加意味着未来具备生产性的劳动人口增加，进而提高劳动参与率，即少儿抚养对劳动参与率的影响呈"U"形特征。[5]

5. 女性劳动参与率

劳动力是经济增长的核心投入要素，因而劳动参与率也

① 吴帆、王琳:《中国学龄前儿童家庭照料安排与政策需求——基于多元数据的分析》,《人口研究》2017 年第 6 期。
② Bailey M J, More Power to the Pill [J] . *Quarterly Journal of Economics*, 2006, 121 (1).
③ Canning D, The Impact of Aging on Asian Development [Z] . Semina on Aging Asia, A New Challenge for the Region, Kyoto, JJapan, 2007.
④ Bloom L, Williamson O E, Demographic Transition and Economic Miracles in Emerging Asia [J] . *World Bank Economic Review* 1998, 12 (13).
⑤ An C B, Jeon S H, 2002. Demographic Change and Economic Growth: An Inverted-U Shape Relationship [J] . *Economic Letters* 2002, 11 (15).

是影响经济增长和社会发展的重要因素。对于劳动者本身而言，参与劳动也可以满足其自身经济、社会和心理等多方面需求。对于女性而言，其劳动参与率对于社会和家庭具有更为深远的意义。Anderson 和 Eswaran 认为女性劳动参与率的提高不仅可以改善她们的收入状况，还可以提升她们在家庭中的决策权以及议价能力。[①] 除此以外，女性劳动参与率的提高对于降低生育率、提高女婴存活率、增加子女的教育投资等具有积极影响。[②]

女性劳动参与率在解释家务劳动参与时间中同样重要。性别更为平等的地区更鼓励女性参与劳动力市场。女性劳动参与率的提高有两方面的效应：一方面，较高劳动参与率增加了女性的社会劳动时间，增加了女性家庭照料的责任；另一方面，在时间和精力有限的情况下，在女性劳动参与率高的地区，女性往往用社会劳动时间代替家务劳动时间。

女性劳动参与率的计算公式为：

女性劳动参与率＝（女性就业人口＋没有工作但正在寻找工作的女性）/女性劳动年龄人口

根据调查数据，我们首先计算出各个省份被访者中处于劳动年龄的女性数量，记为女性劳动年龄人口；其次，根据问卷中问题"最近一周是否为取得收入而工作 1 小时以上？包括务

---

① Anderson S., and Eswaran M. What Determines Female Autonomy? Evidence from Bangladesh. *Journal of Development Economics*, 2009, 90 (2).

② Gleason, Suzanne M., Publicly Provided Goods and Intrafamily Resource Allocation: Female Child Surival in India. *Review of Development Economics* I. 2003. Kalwij, Adriann S. The Effect of Female Employment Status on the Presence and Number of Children. *Journal of Population Economics* 2. 2003. Alfano, Marco, Wiji Arulampalam and Uma Kambhampati, Female Autonomy and Education of the Subsequent Generation: Evidence from India. *Political Science*. 2010.

农或无报酬的家庭帮工",将劳动年龄人口中回答为"是"的女性人口定义为女性就业人口;根据问卷中"从上份工作结束到目前,有找过工作吗",将回答为"有,一直在找工作"以及"有,断断续续找过工作"的劳动年龄女性定义为没有工作但正在寻找工作的女性。基于此,计算得到的各个省份被访者中女性劳动参与率的数据见表6-5。

表6-5　各地区女性劳动参与率

省份	女性就业人口（人）	女性寻找工作人口（人）	女性劳动力（人）	女性劳动参与率
北京	264	21	587	0.4855
天津	150	20	390	0.4359
河北	392	8	673	0.5944
山西	305	15	578	0.5536
内蒙古	104	5	198	0.5505
辽宁	469	32	957	0.5235
吉林	311	17	603	0.5439
黑龙江	245	28	598	0.4565
上海	284	35	691	0.4616
江苏省	327	22	640	0.5453
浙江	506	12	884	0.5860
安徽	211	9	366	0.6011
福建	326	13	630	0.5381
江西	184	6	314	0.6051
山东	471	19	808	0.6064
河南	254	13	460	0.5804
湖北	319	17	609	0.5517
湖南	354	19	633	0.5893
广东	688	28	1177	0.6083

省份	女性就业人口（人）	女性寻找工作人口（人）	女性劳动力（人）	女性劳动参与率
广西	166	8	277	0.6282
海南	164	4	261	0.6437
重庆	254	12	465	0.5720
四川	410	14	648	0.6543
贵州	162	2	235	0.6979
云南	253	4	348	0.7385
陕西	228	23	489	0.5133
甘肃	159	4	289	0.5640
青海	137	4	276	0.5109
宁夏	112	8	206	0.5825

资料来源：根据 CGPiS 数据测算与整理。

6. 家庭中女性工资与男性工资比值

家庭经济学认为家庭活动除了包含消费活动外，还包含生产活动。生产活动的目的主要是生产能够维持家庭成员各种需求的"产品"或"服务"。因此，理性的家庭成员在进行生产和消费决策时往往基于有限资源约束达到家庭效用最大化。在仅有夫妻双方两位劳动者的家庭中，夫妻双方的劳动供给以及家务劳动分配可以看作一种基于双方物质、时间等资源约束的联合决策，是二元博弈的结果。目前，基于已婚夫妻家庭内部分工决策的模型主要包括：共同偏好模型、合作博弈模型和非合作博弈模型。Manser 和 Brown 最先将合作博弈中的纳什均衡应用于家庭内部决策。[1] 将议价能力引入家庭成员时间分配分析的家务劳动

---

① Manser, Marilyn and Brown, Murray, Marriage and a Household Decision Making: A Bargining Analysis. *International Economic Review*, 1980, 21 (1).

分配中的相对资源假说理论认为，家务劳动的分配是由夫妻双方基于各自拥有的资源讨价还价而定的，拥有较多资源也意味着拥有较多的权力和资本，承担较少的家务劳动。基于该理论，讨论范围逐渐扩展到相对收入、相对受教育程度、相对职业等。

在后续的实证研究中，Alenezi 和 Walden 认为夫妻双方工资的提高均会导致各自家务劳动时间的减少，增加外出时间进而导致对方减少外出时间、增加家务劳动时间。① 由于妻子收入通常低于丈夫或者在经济上对丈夫存在依赖，在家务劳动分配中拥有的议价能力较弱，因而常承担更多的家务劳动。当夫妻间收入差距减小时，家务分配也会趋向于公平。② 齐良书在纳什均衡框架下以夫妻双方工资作为衡量双方各自的底线和议价能力的变量，讨论了家庭内部成员的议价能力对家务劳动时间配置以及个人福利的影响。该研究认为不同议价能力女性的家务劳动时间变化远小于男性，即议价能力对女性家务劳动时间的影响远远弱于男性。③

6.4.2 地区相关因素 OLS 回归模型构建及结果分析

在前面分析的基础上加入性别失衡以及其他地区层面因素之后，建立的模型如下所示：

$$T_i = \alpha + \beta_1 X_i + \beta_2 Z_i + \beta_3 G_i + \varepsilon$$

---

① Alenezi M., Walden M. L., A New Look at Husbands' and Wives' Time Allocation [J] . *The Journal of Consumer Affairs*, 2004, 38 (1).

② Alenezi M., WaldenM. L., A New Look at Husbands' and Wives' Time Allocation [J] . *The Journalof Consumer Affairs*, 2004, 38 (1). Bittman M., England P., Folbre N., et al, When Does Gender Trump Money? Bargaining and Time in Household Work [J] . *American Journalof Sociology*, 2003, 109 (1).

③ 齐良书：《议价能力变化对家务劳动时间配置的影响——来自中国双收入家庭的经验证据》，《经济研究》2005 年第 9 期。

其中，T_i 为因变量，表示被访问对象参与家务劳动的时间；X_i 代表上一节分析中涉及的人口统计学以及社会经济等变量，包括性别、年龄、年龄平方、婚姻状况、受教育程度、健康状况、家庭规模、户籍、就业状态；Z_i 代表地区层面因素，包括地区的人均 GDP 增长率、65 岁及以上老年人口比重、少儿抚养比；G_i 代表地区的性别失衡状况，包括新出生人口男女性别比、女性劳动参与率以及家庭中女性与男性平均工资的比值。

1. 相关变量解释及描述性统计

除上节中人口统计学因素以及社会经济相关指标外，本节增加了地区相关指标。其中人均 GDP 增长率衡量了地区的经济发展状况；65 岁及以上老龄人口比重衡量了地区的老龄化程度；新出生人口男女性别比反映了一个地区的性别失衡程度；少儿抚养比衡量了一个地区家庭儿童照料的负担以及潜在的劳动力资源；女性劳动参与率衡量了女性在劳动力市场中的参与程度，一定程度上也反映了该地区整体的性别观念；家庭中女性与男性平均工资的比值反映了女性在家庭决策中的议价能力。因调查数据基于 2016 年调查所得，因而人均 GDP 增长率、65 岁及以上老年人口比重、少儿抚养比均采用 2016 年各地区相关数据，数据来源为《中国统计年鉴》；因性别观念是一个地区个人及整个社会对于男性与女性的性别角色的预期和规范，具有长期的影响，因而尽管新出生人口男女性别比采用第六次人口普查数据，依然具有一定的代表性。本节采用常用的表示方法，即以每出生百名女婴相对的出生男婴数来表示新出生人口男女性别比；女性劳动参与率以及家庭中男女平均工资根据 2017 年调查数据计算得到。各指标的解释以及描述性统计如表 6-6、表 6-7 所示。

表 6-6　指标解释

变量名	变量定义
人均 GDP 增长率	被访对象所在省份人均 GDP 增长率
65 岁及以上老年人口比重	被访对象所在省份中 65 岁及以上老年人口占总人口的比重
新出生人口男女性别比	第六次人口普查中被访对象所在省份新出生人口中百名女婴相对的出生男婴数
少儿抚养比	被访问对象所在省份少儿抚养比
女性劳动参与率	被访问对象中女性就业人口以及正在寻找工作的女性占女性劳动年龄人口的比重
家庭中女性与男性平均工资比值	被访问家庭中女性平均收入与男性平均收入的比值

表 6-7　变量的描述性统计

变量名	均值	标准差	最小值	最大值
人均 GDP 增长率	6.535	2.323	-2.1	9.8
65 岁及以上老年人口比重	10.985	1.867	7.22	13.97
新出生人口男女性别比	116.676	5.341	109.48	128.64
少儿抚养比	21.325	5.393	12.5	32.7
女性劳动参与率	0.566	0.0626	0.4359	0.7385
家庭中女性与男性平均工资比值	0.455	0.807	0	52

2. 回归结果分析

（1）样本总体回归结果

本节运用 Stata 软件对模型进行处理，表 6-8 中第（1）列报告了本次家务劳动时间调查中全部样本的回归结果。将地区相关因素纳入模型之后，除婚姻状况和人均 GDP 增长率外，其他变量均对家务劳动时间具有显著影响。

这里我们主要关注地区相关因素的影响。其中 65 岁及以上老年人口比重对家务劳动时间具有显著的负向作用。在前面的分析中，我们认为65岁及以上老年人口一方面由于身体状况欠佳，增加了成年子女家务劳动的负担，进而会增加子女的家务劳动时间；另一方面，随着成年子女进入生育状态，在更多女性投入劳动市场中的情况下，老年人口往往承担起隔代照料等家务劳动，进而会减少成年子女等家庭成员的家务劳动时间。全国范围的回归结果表明，从全国来看，65岁及以上老年人口依然在经济社会发展中贡献着自己的力量。

新出生人口男女性别比对家务劳动时间具有显著的负向作用，即地区中男婴出生相对数量越多，该地区从事家务劳动的时间相对越少，这与前面的理论分析以及我们的预期一致。现有研究发现性别比是影响社会生活的重要因素。女性"赤字"的性别失衡有助于提高女性在婚姻市场中的相对地位，影响婚姻双方的匹配质量以至于在婚姻市场上出现了男性的挤压现象。[1] 过高的性别比增强了女性在家庭和劳动市场上的议价能力，使市场条件对女性更有利。同时高性别比使"分享规则"更有利于女性，进而使女性获得了更多的物质资源，由此产生的收入效应导致女性的劳动参与率降低，而男性的劳动参与率提高，[2] 女性的工作时间减少而男性的工作时间增加。[3]

少儿抚养比对家务劳动的时间具有显著的正向作用，即少儿抚养比越高的地区家务劳动时间越长。目前大多关于时间利用的研究分析家庭成员关于工作、家庭以及闲暇的安排和选择，

[1] Angrist, J, How Do Sex Ratios Affect Marriage and Labor Markets? Evidence from American's Second Generation. *Quarterly Journal of Economics*, 2002, 117 (3).

[2] Grossbard and Amuedo-Dorantes, Cohort-level Sex Ratio Effects on Women's Labor Force Participation. *Review of Economics of the Household*, 2007, 5.

[3] Rapoport, B., Sofer, C. and Solaz, A., Household Production in a Collective Model: Some New Results. *Journal of Population Economics*, 2011.

发现子女数量的增加会大幅度增加家庭成员尤其是女性的家务劳动量，挤占其闲暇时间，对工作产生负面影响。社会政策以及社会支持的不充分也会加重家庭成员对子女照料的时间和精力投入。随着社会经济的发展，家庭对于子女的价值观也发生着改变，由过去的养儿防老经济价值论逐渐转变为情感上的无价论，对子女的照料从单纯的日常生活照料转变为认知培育等，养育体系呈现"奢侈品化"态势，使家庭面临精力与经济的双重压力。

女性劳动参与率对家务劳动时间具有显著的负向作用。在目前社会福利发展还不完善的情况下，女性进出劳动市场存在一定阻碍。同时，在中国中老年人口尤其是女性中老年人口承担着隔代照料的责任，使这一情况更为复杂。现有研究基本认同实际工资的上涨和男女工资差异的缩小会使部分已婚女性从家务劳动转向市场劳动，从而提高其劳动参与率。人的时间和精力是有限的，将时间投入市场劳动，必然会造成对家务劳动时间的挤压。

家庭中女性与男性平均工资的比值对家务劳动时间具有显著的负向作用。即女性收入越高，其在家务劳动中的议价能力越强，从而会承担越少的家务劳动。居民家庭是组成社会的基本单位，对家庭内部收入差距的研究有利于全面认识性别收入差距的本质。此外，收入和家务劳动时间之间存在内生性，一方面较高的收入提高了个体在家庭中的议价能力，另一方面个体可通过收入的提高向市场购买家政服务或者购买洗碗机等设备来减少家务劳动时间，更有可能的是较高的收入源于更加辛苦的工作以至于挤压了家务劳动时间。

（2）不同区域的回归结果分析

中国的经济与社会发展具有极大的区域不平衡性。因此，我们将中国分为东部、中部、西部三大区域分别设立模型，对不同区域家务劳动时间的影响因素进行分析。表6-8中第（2）（3）（4）列分别报告了本次家务劳动时间调查中东部、中部以及西部地区样本的回归结果。

表6-8　全国及区域层面回归结果

变量	（1）全国	（2）东部	（3）中部	（4）西部
性别	-1.287***	-1.228***	-1.466***	-1.144***
	(0.0317)	(0.0424)	(0.0650)	(0.0704)
年龄	0.0846***	0.0857***	0.0838***	0.0825***
	(0.00764)	(0.0105)	(0.0160)	(0.0156)
年龄平方	-0.00639***	-0.000655***	-0.00587***	-0.000683***
	(0.0000764)	(0.000107)	(0.000157)	(0.000155)
婚姻状况	-.0406	-0.0603	-0.0300	0.0882
	(0.0732)	(0.0958)	(0.159)	(0.159)
受教育程度	-0.231***	-0.300***	-0.263***	-0.260***
	(0.0189)	(0.0958)	(0.0406)	(0.0428)
健康状况	0.0472***	0.0252	0.0482	0.0430
	(0.0159)	(0.0221)	(0.0309)	(0.0354)
家庭规模	0.0792***	0.0562***	0.0855***	0.111***
	(0.0108)	(0.0149)	(0.0212)	(0.235)
户籍	0.205***	0.128**	0.117*	0.386***
	(0.0362)	(0.0510)	(0.0694)	(0.0798)
就业状态	-0.575***	-0.678***	-0.486***	-0.489***
	(0.0346)	(0.0476)	(0.0678)	(0.0763)
人均GDP增长率	-0.00606	-0.00572	-0.0954**	-0.00613
	(0.00700)	(0.00836)	(0.0377)	(0.0313)
65岁及以上老年人口比重	-0.0168*	-0.0236*	-0.0546	-0.0720***
	(0.00873)	(0.0139)	(0.0538)	(0.0211)

变量	（1）	（2）	（3）	（4）
	全国	东部	中部	西部
新出生人口男女性别比	-0.00947***	-0.0180**	-0.0105	0.0281**
	(0.00340)	(0.00750)	(0.0103)	(0.0120)
少儿抚养比	0.0129***	0.0253***	0.0206*	-0.0640***
	(0.00500)	(0.00787)	(0.0115)	(0.0180)
女性劳动参与率	-1.142***	-2.0343***	-0.164	1.581**
	(0.347)	(0.576)	(1.598)	(0.650)
家庭中女性与男性平均工资比值	-0.0981***	-0.102***	-0.0888***	-0.0938*
	(0.0183)	(0.0281)	(0.0285)	(0.0482)
常数项	2.163***	3.620***	1.448*	-1.486
	(0.449)	(0.922)	(0.855)	(1.320)
观测值	16110	8395	4257	3458

注：* 表示 $p<0.10$，** 表示 $p<0.05$，*** 表示 $p<0.01$。

对于东部地区而言，65 岁及以上老年人口的比重、新出生人口男女性别比、女性劳动参与率以及家庭中女性与男性平均工资比值对家务劳动时间具有显著的负向作用，少儿抚养比对家务劳动具有显著的正向作用，人均 GDP 增长率对家务劳动时间的影响不显著；对于中部地区而言，人均 GDP 增长率、家庭中女性与男性平均工资比值对家务劳动时间具有显著的负向作用，少儿抚养比对家务劳动时间的影响显著为正，而 65 岁及以上老年人口的比重、新出生人口男女性别比、女性劳动参与率对家务时间劳动的影响不显著；对于西部地区而言，65 岁及以上老年人口的比重、少儿抚养比、家庭中女性与男性平均工资比值对家务时间劳动的影响显著为负，新出生人口男女性别比、女性劳动参与率对家务劳动时间的影响显著为正，人均 GDP 增长率对家务劳动时间的影响不显著。

　　对比不同地区各个指标的系数可以发现：对于 65 岁及以上老龄人口的比重而言，东、中、西三个区域中该回归系数均为负且该系数的绝对值逐渐增大。说明在中国东部、中部、西部地区，老龄人口都在分担着家庭中的家务劳动，而经济发展较为落后的西部地区老龄人口对家务劳动的分担作用最大。这在一定程度上说明经济发展较为落后的地区隔代照料的现象更为普遍，也说明这些地区市场化托幼服务等较为短缺。

　　对比不同区域女性劳动参与率的回归系数可以发现，东部地区女性劳动参与率的估计系数的绝对值为 2.0343，明显大于其他区域（中部地区：0.164，西部地区：1.581）。并且，东部地区和中部地区的估计系数为负，即女性劳动参与率的提高减少了从事家务劳动的时间，而西部地区该指标的估计系数为正，即随着女性劳动参与率提高，家务劳动的时间也随之增加，产生这一现象的原因可能是，随着西部地区经济发展，女性工作机会增加，但相应的家务劳动市场化水平较低，即使收入增加也并不能减少她们家务劳动的时间。

　　对比不同区域家庭中女性平均工资与男性平均工资的比值的估计系数可以发现，三大区域中该指标的估计系数均为负，但是东部地区该指标的估计系数的绝对值最大，西部地区次之，中部地区最小。关于家庭内部夫妻收入差距对家务劳动时间的影响的讨论在未来研究中还有很多进一步探讨的方向。一是对家务劳动进行多维度的划分，如工作日与非工作日、日常与非日常家务劳动等；二是运用不同的研究方法识别内生性问题。对这些问题的深入研究有助于进一步厘清收入差距与家务劳动时间的关系。

第7章 中国老龄人口家务劳动价值测度的背景及长期意义

老龄化是世界人口发展的普遍趋势，也是中国在 21 世纪面临的重大挑战。

截至 2019 年，中国老龄人口达 1.76 亿，人口老龄化率达到 12.6%。根据联合国最新人口预测，2050 年中国老龄化率将高达 35.1%，进入深度老龄化阶段。① 与西方国家不同，中国老龄化的主要表现，一是老龄人口的绝对数量大；二是老龄化的发展速度快，一般西方国家从人口成年型国家进入老年型国家要经过 50~80 年，而中国用了不到 20 年；三是地区和城乡差异较大以及老龄化与经济发展不平衡，人口老龄化的发展速度大大超过经济发展的速度。② 改革开放前 30 年，中国的人口结构因素对经济持续增长起到了重要的推动作用。自 2010 年开始，中国人口年龄结构变化趋势出现逆转，具体表现为劳动力数量短缺等现象。快速的人口结构转型给经济社会带来了巨大挑战，如何积极应对老龄化、挖掘老年人口红利至关重要。

老年人口并不完全是依赖型人口，他们身上蕴藏着巨大的潜力，可以为应对老龄化挑战做出自己的贡献，老年人口红利

---

① 2019 年老龄人口数据来源于国家统计局网站。
② 马力、桂江丰：《中国人口老龄化战略研究》，《经济研究参考》2011 年第 34 期。

是人口红利的重要组成部分。① 目前关于老年人口红利的讨论主要集中在鼓励老年人凭借自身在知识、经验和技能方面积累的优势参与社会劳动，重新建立个人与社会的关系，创造社会价值。但这类工作大多对文化水平、技能有一定要求。出于一些历史原因，我国现有老年人大多受教育水平不高，很多仅有小学、初中水平，在退出劳动市场后找到一份适合自己且对体力要求低的工作较为困难。就整个老龄人口群体而言，家务劳动仍然是中国大多数老年人从事的普遍性劳动。我们的微观调查数据也表明，老年人是家务劳动的主力军。

劳动是人们实现个人价值和社会价值的重要方式，包括社会公务劳动和家务劳动。目前，老龄人口在家庭中对未成年孙辈的照料和养育发挥了重要的经济和社会作用。在老龄人口承担照顾孙辈等家务劳动缓解了成年子女生活压力的同时，适当的家务劳动也充实了老年人的生活，能帮助老年人顺利而平稳地实现角色转换，对老年人身心健康具有积极意义。家务劳动不仅保障了家庭成员的生活质量，也是社会再生产中不可缺少的一部分。老龄人口通过帮子女料理家务和照顾孙辈等方式为年轻人口提供代际劳务支持，从而使年轻人尤其是年轻女性得以在职场维持较高的劳动参与率，对经济增长也做出了间接贡献。但目前老龄人口对家庭的贡献往往被忽略，老龄人口被视为纯消费者或者增加家庭和政府的财政负担，他们的家庭和社会地位被低估。

老年人从事家务劳动实际上是间接为社会做贡献，是老有所为的一个重要方面。对家务劳动经济价值的测度有利于正确

---

① 穆光宗、张团：《我国人口老龄化的发展趋势及其战略应对》，《华中师范大学学报》（人文社会科学版）2011 年第 5 期。

对待老年人，正确评价老年人的持续经济价值贡献，有利于提高老年人的家庭和社会地位。

7.1 老龄人口从事家务劳动现状

从世界范围来看，家务劳动是老龄人口普遍从事的家庭活动。隔代照料是老龄人口对子女家庭提供的一项重要家庭照料服务，是老龄人口在老年期间承担的重要社会角色和参与的重要社会活动，更是增强原生家庭与子女家庭代际联系的重要纽带。在美国，每四个五岁以下儿童中就有一个由祖父母照顾；在欧洲，约有一半的祖父母为孙辈提供照料。对于东亚国家比如中国而言，祖辈照料孙子女的原因和动机更多地受传统家庭规范如期望延展家庭功能、增加家庭整体价值、赢得尊重以及获得代际支持的影响。[①]

在中国已步入老龄化社会的现实背景下，老龄人口并没有因为年龄增长而放弃或减少家务劳动时间，而是继续承担着照顾孙辈和处理家庭日常劳务的角色。

在"三孩政策"全面实施、社会托幼制度不健全、公共照料资源缺乏、市场化托幼服务体系不完善等因素的共同作用下，成年子女家庭存在较大的儿童照料需求，工作和抚养后代很难兼顾，需要祖辈承担照料孙辈的任务。在中国农村地区，年轻父母外出务工，他们会将未成年子女交由祖父母或外祖父母帮忙照料；在中国城市地区，越来越多女性进入职场，其未成年

---

① Lou, V. W. Q. and Chi, I. Grandparenting Roles and Functions, in Mehta, K. K. and Thang, L. L. (eds.): *Experiencing Grandparenthood: An Asian Perspective*, Dordrecht, Netherlands: Springer, 2012.

子女的照料也往往由祖父母或外祖父母承担。从老龄人口提供隔代照料的结果来看，老龄人口缓解了成年子女家庭的育儿压力，为子女家庭带来了诸多益处。老龄人口承担家务劳动不仅节约了公共资源，挖掘了老年人力资源，也提升了子代家庭和父代家庭的整体效益，有力地促进了老龄人口的积极老龄化。

在中国社会文化背景下，受到地区社会照料资源、年轻父母照料孩子的机会成本、代际工作机会成本和各地区文化习俗等因素的影响，老龄人口从事家务劳动在中国呈现出明显的地域特征。家庭调查数据显示，全国65岁及以上老龄人口的人均家务劳动时间为2.57小时，高于14~65岁人口的人均家务劳动时间（2.12小时）。图7-1和表7-1反映了全国65岁及以上老龄人口的家务劳动时间，可以看出北京、湖南、云南、上海、宁夏的老龄人口人均家务劳动时间均长于2.80小时，分别居于第1~5位。

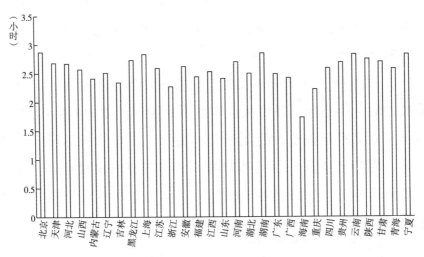

图7-1　65岁及以上的老龄人口工作日家务劳动的平均时间

表 7-1 65 岁及以上的老龄人口工作日家务劳动的平均时间

单位：小时

地区	家务劳动时间	地区	家务劳动时间
北京	2.87	河南	2.70
天津	2.68	湖北	2.50
河北	2.67	湖南	2.85
山西	2.57	广东	2.49
内蒙古	2.41	广西	2.42
辽宁	2.51	海南	1.73
吉林	2.34	重庆	2.22
黑龙江	2.73	四川	2.59
上海	2.83	贵州	2.69
江苏	2.59	云南	2.83
浙江	2.27	陕西	2.75
安徽	2.62	甘肃	2.70
福建	2.44	青海	2.58
江西	2.53	宁夏	2.83
山东	2.41	全国	2.57

北京、上海这些经济发达地区老龄人口从事家务劳动时间相对较长的原因可能是，一方面，这些地区家政服务市场价格昂贵，年轻父母照料孩子的机会成本较高，在面对照料未成年子女需求时年轻父母会倾向于向家庭内部寻求帮助；另一方面，老年人的劳动生产率尤其是创新能力低于年轻人，在这些地区的产业结构快速调整过程中，企业往往更倾向于雇用年轻劳动力。因此，在家庭面临孩子照料等家务劳动需求时，这些地区的老龄人口更可能承担起照料孙辈等家务劳动的责任。而在湖南、云南、宁夏等地区，虽然经济并不发达，但由于公共照料

资源非常匮乏，家政服务等照料资源发展相对滞后，再加上受当地传统文化习俗的影响，老龄人口从事家务劳动的时间也相对较长。

现有研究中关于老龄人口从事隔代照料等家务劳动的影响总体上可分为积极影响和消极影响两个方面。从老龄人口从事家务劳动给老年人带来的积极影响来看，在承担照料角色的初期，老年人往往沉浸在照料孙辈的喜悦中，精神状态相对较好，也会使身体状况有一定的改善。[①]

另外，承担照料孙辈等家务劳动的老龄人口会有更健康的生活方式，[②] 这会增强老龄人口的生活目标感，满足他们的责任感和被需要感，使他们晚年生活有所寄托，提升老年人的精神健康水平。周晶等认为相较于未曾照料过孙子女的农村老年人，提供持续性隔代照料的农村老年人的自陈健康状况和日常生活自理能力更好，而且曾经提供过隔代照料的农村老年人也有更好的自陈健康状况。[③] 程新峰等认为照料孙子女使老年人有更积极的年龄认同，[④] 而积极的年龄认同会促进个体的精神健康，增强他们的认知功能，提升他们的生活满意度，提高他们老年期的生活质量。[⑤] 李

---

① 陈英姿、孙伟：《照料史、隔代照料对我国中老年人健康的影响——基于 Harmonized CHARLS 的研究》，《人口学刊》2019 年第 5 期。

② Waldrop, D., & Weber, J., From Grandparent to Caregiver: The Stress and Satisfaction of Raising Grandchildren [J]. *Families in Society: The Journal of Contemporary Social Sevices*, 2001, 82 (5).

③ 周晶、韩央迪、Weiyu Mao、Yura Lee、Iris Chi：《照料孙子女的经历对农村老年人生理健康的影响》，《中国农村经济》2016 年第 7 期。

④ 程新峰、姜全保：《隔代照料与老年人年龄认同：子女代际支持的中介效应》，《人口学刊》2019 年第 3 期。

⑤ Howard, J. A., Social Psychology of Identities [J]. *Annual Review of Sociology*, 2000, 26 (1). Levy, B. R., Slade, M. D., Kunkel, S. R., & Kasl, S. V., Longevity Increased by Positive Self-perceptions of Aging [J]. *Journal of Personality and Social Psychology*, 2002, 83 (2).

春华等认为老龄人口与后代之间的代际互动，包括代际精神互动和代际物质互动，显著降低了老年人的死亡风险。[①] 此外，承担照料和家务劳动使老年人从情感上获得了回报，如缓解精神压力，增强社会角色，获取更多社会支持，尤其是来自子女的代际支持，这对老年人产生了更为积极的影响，促进了照料孙辈老年人的身心健康。

从老龄人口从事家务劳动给老年人带来的消极影响来看，高强度的照料会使老龄人口更易患有关节炎、糖尿病和心脏病等慢性疾病或导致其他身体机能指标变差[②]，让他们面临更高的失能风险。由于老龄人口本身是需要被照顾的群体，随着年龄增大，照料孙辈等家务劳动需要祖父母投入一定的时间、精力和情感，会造成祖辈没有足够的时间管理自身健康和享受休闲活动。为了照顾孙辈，老年人的时间和精力重点都放在了孙辈身上，并且过重的家务负担，挤占了老龄人口锻炼身体和进行医疗就诊的机会，从而导致他们健康状况恶化。

此外，提供照料孙辈等家务劳动会对老龄人口的心理健康产生不利影响。祖辈照料者会产生的两种最明显的心理问题是抑郁症和照料家庭的心理压力。[③]

老年人囿于照看等家务劳动而减少了参加社交活动的时间和机会，会使他们缺乏与他人的正常沟通和交流，产生孤独感。同时，在照顾孙辈的过程中祖辈需要对孩子的衣食住行和安全全权负责，长时间高度集中注意力容易使老年人产生极度忧虑的心情。此外，祖辈和父辈在生活习惯、物质文化等方面存在

① 李春华、吴望春：《代际互动对老年人死亡风险的影响——基于 CLHLS 2002～2014 年数据》，《人口学刊》2017 年第 39（03）期。

② Leo S., Colditz G., Berkman L. & Kawachi I., Can Giving to Children and Grandchildren and Risk of Coronary Heart Disease in Women. *Ameican Journal of Public Health*, 2003.

③ Fuller-Thomson E. & Minkler M., African American Gransparents Raising Grandchildren: a National Profile of Demographic and Health Characteristics. *Health and Social Work*, 2000.

差异，往往容易在如何照料孩子方面形成较大分歧，在缺乏沟通的情况下，这种分歧容易导致家庭冲突，致使老龄人口在趋避冲突和面临冲突中倍感焦虑、沮丧和无奈。

7.2　老龄人口家务劳动经济价值的测度及长期意义

照顾孙子女等家务劳动作为老龄人口无酬但具有经济价值的活动，是他们贡献家庭和社会的重要体现之一，并被纳入老有所为（productive aging）的指标。研究表明，照顾孙子女对个人、家庭和社会来说既有社会效益也有经济效益。美国、英国、澳大利亚、韩国等一些国家已经清楚地认识到这种照顾服务所蕴含的巨大价值，并对祖父母照顾孙子女的情况进行了统计和经济核算。如美国老龄人口为儿童提供的照料服务每年创造的经济价值保守估计达 390 亿美元；英国大约 1400 万祖父母每年提供价值 39 亿英镑的幼托服务；2003 年澳大利亚的儿童、残疾人和生活不能自理的照顾提供者中约有 18% 是 65 岁及以上老年人，他们提供了大约 60% 的非正式儿童照顾。[①] 受传统文化和现实需要的影响，在中国有超过 40% 的老龄人口不同程度地帮忙照顾孙辈，大大节省了家庭和社会用于未成年人抚养的费用，蕴含了巨大的经济价值。

老龄人口从事照顾孙辈等家务劳动体现的是代际关系、血缘关系的一种代际支持行为，需要老年人付出时间、劳动等，

---

① Morrow-Howell, N., J. Hinterlong, M. Sherrzden, *Productve Aging: Concepts and Challenges* [M]. Baltimore and London: The Johns Hopkins University press, 2001. COTA National Seniors Partnership. Grandparents Raising Grandchildren [R]. Mellbourne: COTA National Seniors Partnership, 2003.

会影响老龄人口及其子女、孙子女的生活质量。在中国社会迅速转型的背景下，老龄人口承担照顾孙辈等家务劳动的情况非常普遍，有关政策也对老年人发挥的这种照顾作用给予了重视。但现有关于中国老龄人口从事照顾孙子女等家务劳动经济价值的研究很少，致使我们对提供照顾的老龄人口的基本情况还缺乏认识。为此，需要攻克的第一个课题就是老龄人口家务劳动经济价值的测度，为后续研究老龄人口在家庭及社会经济中的贡献、制定和完善老龄化相关公共政策等提供数据支持。

表7-2列示了基于老龄人口家务劳动时间调查数据，根据机会成本法、综合替代成本法、行业替代成本法、最低小时工资法计算得到的65岁及以上老龄人口的家务劳动总经济价值。根据上述测度方法得到的全国65岁及以上老龄人口的家务劳动总经济价值分别为30357.90亿元、21654.67亿元、25924.12亿元、15078.97亿元。无论基于哪种方法，老龄人口家务劳动创造的经济价值都不可忽视。从地区来看，老龄人口家务劳动价值存在地区差异，按机会成本法计算，江苏、四川、山东、广东、湖南的65岁及以上老龄人口家务劳动总经济价值分别居第1~5位。家务劳动经济价值除受家务劳动时间影响外，还和当地工资收入、经济发展水平等因素有密切关系，工资收入水平越高，家务劳动的潜在经济价值越高。

表7-2　65岁及以上老龄人口家务劳动总经济价值测度

单位：亿元

地区	机会成本法	综合替代成本法	行业替代成本法	最低小时工资法
北京	1097.75	476.20	777.25	384.44
天津	513.02	248.33	397.37	231.83
河北	1504.85	969.09	1165.40	924.66

地区	机会成本法	综合替代成本法	行业替代成本法	最低小时工资法
山西	552.42	373.46	398.02	364.13
内蒙古	437.58	272.88	342.97	190.60
辽宁	1017.49	708.82	848.42	544.94
吉林	486.66	284.52	376.72	234.23
黑龙江	811.49	857.54	837.46	439.52
上海	1330.97	735.54	918.84	421.70
江苏	2503.18	2025.13	2274.66	1084.17
浙江	1353.28	1073.33	1359.49	627.49
安徽	1375.17	1031.99	1166.13	744.57
福建	728.56	564.76	687.61	376.19
江西	782.34	719.55	734.97	426.45
山东	2183.54	1554.09	1925.18	1194.09
河南	1604.72	1194.44	1453.12	972.46
湖北	1273.59	934.92	1078.06	681.17
湖南	1682.93	1327.66	1547.49	780.19
广东	1904.87	1298.35	1668.99	963.94
广西	821.07	648.73	705.26	383.03
海南	100.87	64.37	85.66	41.22
重庆	774.33	543.61	671.94	354.41
四川	2341.93	1751.37	2055.68	1150.34
贵州	762.48	439.99	584.04	391.14
云南	854.50	545.37	678.34	395.80
陕西	839.69	540.74	629.88	416.77
甘肃	504.85	340.42	395.55	271.83
青海	91.93	52.35	66.87	35.62
宁夏	121.86	77.11	92.77	52.04
全国	30357.90	21654.67	25924.12	15078.97

老龄人口家务劳动经济价值测度的意义主要表现在正确评价老龄人口在家庭与社会经济中的贡献、有助于制定和完善人口老龄化相关公共政策、重新把握中国家庭代际关系新走向三个方面。

1. 正确评价老龄人口在家庭与社会经济中的贡献

老龄人口的人力资源经济价值依然存在，老年人仍然可以参与社会劳动，如再就业或为社会公益事业服务。虽然从宏观来看老龄人口的经济参与率低于中青年群体，但从微观来看，老龄人口的家务劳动也具有可贵的社会经济价值。老龄人口可为其他家庭成员的社会劳动创造必要的条件，使之全身心投入工作中，在家庭秩序的顺利运转中发挥举足轻重的作用。

长期以来，老龄人口承担的生活必需的家务劳动，照顾子女、孙辈等，作为老龄人口无酬但是具有经济价值的活动，是其贡献家庭和社会的重要体现，对社会劳动力的生存、再生产和发展具有重要意义。[①] 在商品经济不断发展的背景下，家务劳动和物质生产领域的劳动一样，也创造使用价值和价值，是社会劳动结构中不可缺少的一部分。老龄人口作为照料者参与家庭生产活动，有助于家庭结构的健全和稳固：如通过增加老年人在照顾和教养孙辈方面的参与可改善代际关系和家庭关系。同时，对于照料孙子女的老年人，其成年子女应给予更多的代际支持，提升照料孙子女对老年人健康和幸福的促进作用。

老龄人口家务劳动经济价值测度的缺失，个人对家庭、社会和经济发展的贡献仅以货币形式的经济收入衡量，致使老龄

[①] 孙鹃娟、张航空：《中国老年人照顾孙子女的状况及影响因素分析》，《人口与经济》2013年第4期。

人口为家庭及其他家庭成员乃至整个经济社会所做出的贡献得不到正视和承认。从事照料孙辈等家务劳动对老年人的健康和社会功能会产生负面影响，并且照料孙子女的老年人更容易遭遇社会隔离等对老龄人口心理健康带来负面作用的问题。全社会和老龄人口要有科学的老年价值观，对老龄人口的经济价值既要看到其整体性，也不能忽视个体的差异。解决这一问题的关键是对老龄人口家务劳动的经济价值进行准确核算，从而促进代际关系的协调和社会的可持续发展。老龄人口家务劳动经济价值测度可以正确评价老龄人口在社会经济生活中的贡献，提高其社会地位，保障其经济、社会权益。同时，老龄人口家务劳动经济价值核算也有利于进行国际老龄人口社会经济价值的横向比较。

2. 有助于制定和完善人口老龄化相关公共政策

长期以来，老龄人口提供隔代照料以及帮助子女承担家务劳动并没有得到公共政策领域的关注。一个可能的原因是，如果需求不大或仅仅是临时需求，那么老龄人口所提供的帮助也是少量的、临时性的，因此不需要公共政策介入。[①] 但是，如果大量的家庭需求带来额外的、超负荷的家务劳动，那么公共部门应该发挥相应的作用。

老龄人口照顾孙辈是一种自我选择的权利，社会政策和公共服务的提供应当致力于这种权利的实现。当前，老龄人口作为家务劳动提供者的社会经济价值往往被低估，其提供家务劳动往往被认为是责任和义务，自身的经济价值和需求则往往被

[①] Doty P., Older Caregivers and the Future of Informal Caregiving. In Bass, S. A. (Eds.) *Older and Active: How American over 55 are Contributing to Society*. New Haven: Yale University Press, 1995.

忽略。大多数老龄人口作为社会的弱势群体，尤其是其晚年阶段应该获得子女的照顾，安享晚年。但事实却不尽如此，反而中老年人逐步成为家庭婴幼儿照料的承担者，且这种隔代现象有继续普遍化的趋势。社会导向应充分认可与保障老龄人口从事家务劳动的价值和权利，特别是中国老龄人口从事的是高强度的照顾孙辈等家务劳动，这部分老年人群是以牺牲自身健康为代价补充了目前中国尚未健全的社会化托幼服务。在中国目前对老龄人口提供隔代照料的外部支持有限的背景下，在进行全国性大型调查数据的基础上对老龄人口家务劳动的经济价值进行测度具有重要的现实意义，可为家庭抚育幼儿、社区服务、家庭养老等社会政策的制定和完善，以及合理利用隔代照料这一家庭照料方式提供数据支持。

另外，随着中国人口老龄化程度的加深带来劳动力资源短缺和社会抚养压力增大等问题，延迟退休政策已经被提上议事日程，如何利用好延迟退休并保证延迟退休政策的实施效果是一个需要深入探讨的问题。延迟退休政策与老龄人口从事隔代照料等家务劳动产生矛盾，可能会使中老年人承担的照料责任被转移给年轻女性从而降低年轻父母一代的劳动供给。对老龄人口家务劳动经济价值的测度可以为政府出台的延迟退休政策提供参考。如果老龄人口照料孙子女的行为会对成年子女的劳动参与决策产生促进效应，那么测度其家务劳动的经济价值会对我国推进积极的老龄人口人力资源开发提供参考意义。

3. 老龄人口家务劳动经济价值测度对中国的特殊意义

中国的家庭有着不同于其他国家家庭的特色和传统，中国人素来有较重的家庭观念，并且中国的家庭代际关系文化更加强调家庭集体行为的一致性。罗根等认为，中国家庭是以父母为中心的，代际资源流动的主要方式是自下而上。^①近年来，随着社会现代化程度的提高，中国家庭代际关系的内容和实质都将发生变化。在当前中国社会转型迅速而社会保障体系尚不健全的背景下，老龄人口照顾孙子女的情况还将大量存在，这有助于弥补中国社会和家庭育幼功能的不足并加强家庭凝聚力，对中青年人、未成年人的发展和成长发挥重要作用。

家庭作为社会的细胞，是社会群体的基本组织，家务劳动是社会劳动的一部分，老年人从事的家务劳动也有一种可贵的经济价值。目前中国大多数女性参与到了劳动力市场中，由于工作结构性因素和社会公共服务支持不足，父代对子代家庭各个方面的支持愈发必要且重要。^②有研究对比中国和韩国老年人隔代照料发现，中国老年人提供隔代照料的发生比（58%）显著高于韩国（6%），而究其原因，主要是中国双薪家庭增多和托幼服务不充分。^③年轻人在形成婚姻和组建家庭初期，对父母支持的需求度通常较高，如购置婚房中的经济支持需求和初孕初育时期对日常照料的需求等。

从代际关系的内容看，那种自下而上的单方向的代际资源流动将不复存在，未来中国家庭代际的资源流动一定是双向的。换言之，子女对父母的赡养和父母对成年子女的帮助将在代际交往中占据同等重要的位置。在传统中国社会中，孝道伦理和建立在熟人社会基础上的社会评价机制是确保子女承担赡养责

① Logan, John R., Bian Fuqin, Bian Yanjie. Tradition and Change in the Urban Chinese Family: The Case of Living Arrangements. *Social Forces*, 1998. 76 (3).

② Chen, F., S. Short & B. Entwisle, The Impact of Grandparent Proximity on Maternal Childcare in China [J]. *Population Research and Policy Reviw*. 2000, (19). 杨菊华：《论政府在托育服务体系供给侧改革中的职能定位》，《国家行政学院学报》2018 年第 3 期。

③ Ko, P. & K., Grandpaents Caring for Grandchildren in China and Korea: Findinds from Charls and Klosa [J]. *Psychological Sciences and Social Sciences*, 2014, (4).

任的主要约束条件。而在现代社会，随着孝道的衰弱和熟人社会的解体，道德的约束力量已经越来越弱。在父母普遍向其成年子女提供各种形式帮助的情况下，中国传统的赡养关系将会发生变化。那么，随着中国社会现代化程度的提高，中国传统赡养关系存在的基础可能已经发生改变，而准确把握这种变化对于判断中国家庭养老的未来走向至关重要。从这个意义上看，对老龄人口家务劳动经济价值的测度可为研究现代化背景下中国传统赡养关系的变动提供数据基础。

7.3　小结

人口老龄化问题是当今世界各国都要面临的一个严峻挑战，人口老龄化的发展导致老年人口过多，影响人口年龄结构。预计到2030年，中国60岁以上人口老龄化率将达到25%，[①] 而65岁及以上人口老龄化率将达到14%，未来20~40年将成为中国人口老龄化的高峰阶段。[②] 老龄人口通常会有相对更充足的经济基础和闲暇优势，仍然可以参加社会劳动，如再就业或者为社会公益事业服务等，其人力资源经济价值依然存在。

家务劳动是服务于家庭成员，在家庭内部进行的生产活动，具有相对的封闭性、无酬性和非标准化等特点。通过对老龄人口从事家务劳动的调查数据发现，老龄人口家务劳动的时间和潜在经济价值存在地区差异。北京、上海等经济发达地区由于家政服务市场价格以及年轻父母照料孩子的机会成本较高等原

---

① Cai, F. and Wang. China's Demographic Transiton: Implications for Growth. In Ross Garnaut and Ligang Song, eds. *The China Boom and its Discounts*, 2005, 4.

② 张文范：《我国人口老龄化与战略性选择》，《城市规划》2002年第2期。

因，老龄人口从事家务劳动时间相对较长。而湖南、云南、宁夏等地区老龄人口家务劳动时间较长的原因可能是公共照料资源匮乏以及家政服务市场发展相对滞后。由于家务劳动边界的模糊性，其与市场经济劳动相比在价值结构、工作结构和报酬标准等方面存在较大的差异。老龄人口家务劳动的经济价值除受家务劳动时间影响外，还和当地的工资收入、经济发展水平有密切的关系。经济发达、工资收入较高的地区如上海、广州、北京等地区老龄人口家务劳动的经济价值较高。

　　长期以来，在中国被照顾者受到广泛关注，而提供照顾的人却常常被忽略。老龄人口从事家务劳动虽然在一定程度上增强了老年人的生活目标感，给他们的心理健康带来了积极影响，但老龄人口本身是需要被照料的群体，长期从事家务劳动将给其健康状况带来威胁。并且大量老年照顾提供者未能得到必要的经济补助和各种支持，要使老年照顾者能够在持续照料家人的同时又不因照顾产生压力，需要家庭成员、社区和社会各领域人士通过各种政策、项目来支持和关心他们。中国也需要决策者、研究者以及老龄工作者设计更有效的政策和项目来支持老年照顾者。对老龄人口家务劳动时间及其家务劳动经济价值的测度有助于我们更好地了解老龄人口的家务劳动现状，为提出有针对性的政策支持提供数据资料。必要的社会支持能巩固和维系老龄人口在家庭中的重要作用，不但能够体现老年人的自我价值，实现老有所为，也能使社会更好地利用老年人力资源，应对人口老龄化带来的劳动力资源缩水等问题，缓解老年抚养负担。

图书在版编目（CIP）数据

中国家务劳动经济价值测算报告. 2020／关成华等
著. -- 北京：社会科学文献出版社，2021.12
ISBN 978-7-5201-8666-7

Ⅰ.①中…　Ⅱ.①关…　Ⅲ.①家务劳动社会化-经济
评价-测算-研究报告-中国-2020　Ⅳ.①TS976.7

中国版本图书馆 CIP 数据核字（2021）第 142348 号

中国家务劳动经济价值测算报告(2020)

著　　者／关成华　涂　勤　张　婕　等

出 版 人／王利民
责任编辑／赵慧英　关晶焱　崔晓璇
责任印制／王京美

出　　版／社会科学文献出版社·政法传媒分社（010）59367156
　　　　　　地址：北京市北三环中路甲 29 号院华龙大厦　邮编：100029
　　　　　　网址：www.ssap.com.cn
发　　行／市场营销中心（010）59367081　59367083
印　　装／三河市龙林印务有限公司

规　　格／开　本：787mm×1092mm　1/16
　　　　　　印　张：11.5　字　数：133 千字
版　　次／2021 年 12 月第 1 版　2021 年 12 月第 1 次印刷
书　　号／ISBN 978-7-5201-8666-7
定　　价／78.00 元

本书如有印装质量问题，请与读者服务中心（010-59367028）联系